Engels Feb '08

Förder- und Übungsheft Mathematik Klasse 9

!!!!

Wie solltest du mit diesem Heft arbeiten?

2 Zu jedem Thema findest du Aufgaben, die durch einen Kreis gekennzeichnet sind. Diese Aufgaben solltest du unbedingt lösen, auch wenn es oft auf den ersten Blick so scheint, als ob sie gar nichts mit dem Thema zu tun haben. Kannst du diese Aufgaben nicht lösen, bitte deinen Lehrer um Hilfe.

4 Mit einem Quadrat versehene Aufgaben sind „normale“ Aufgaben zum Thema. Diese Aufgaben solltest du möglichst alle lösen.

18 Schwierigere Aufgaben und Knobeleien sind mit diesem Zeichen markiert. Sie stehen meist am Ende eines Themas. Wenn du diese Aufgaben richtig gelöst hast, ist es sehr wahrscheinlich, dass du den Stoff verstanden hast.

> Merkstoff oder verschiedene Tipps zum Lösen von Aufgaben sind eingerahmt.

Lösungen

An dieser Stelle findest du die Lösungen einer ganzen Seite.

Wir haben es dir aber nicht zu einfach mit dem Vergleich der Lösungen gemacht. Die Lösungen wurden auf den Kopf gestellt und manchmal auch verschlüsselt. Du kannst sie während der Arbeit mit einem Blatt Papier abdecken.

Wenn du sehr wenig Vertrauen zu dir selbst hast und meinst, dass du sie schon vor dem Lösen der Aufgaben ansehen wirst, dann schneide sie einfach aus und lege sie beiseite. Damit du weißt, zu welcher Seite welche Lösungen gehören, wurde auch der Lösungsteil mit der Seitennummer versehen.

1 Rechne im Kopf! Schaffst du es in 60 Sekunden? Miss die Zeit mit einer Stoppuhr!

a) $5 \cdot 7 =$ ___ b) $2 \cdot 7 =$ ___ c) $6 \cdot 7 =$ ___ d) $5 \cdot 8 =$ ___ e) $4 \cdot 6 =$ ___

f) $(-3) \cdot (-8) =$ ___ g) $(-4) \cdot 5 =$ ___ h) $7 \cdot 9 =$ ___ i) $(-2) \cdot (-6) =$ ___ j) $8 \cdot 2 =$ ___

k) $9 \cdot 2 =$ ___ l) $1 \cdot 9 =$ ___ m) $3 \cdot 6 =$ ___ n) $8 \cdot 4 =$ ___ o) $7 \cdot 8 =$ ___

2 Rechne im Kopf! Schaffst du diese Aufgabe in 100 Sekunden?

a) $(-4) \cdot 15 =$ ___ d) $5 \cdot 13 =$ ___ g) $(-40) \cdot (-4) =$ ___

b) $12 \cdot 6 =$ ___ e) $7 \cdot 11 =$ ___ h) $3 \cdot 70 =$ ___

c) $3 \cdot 18 =$ ___ f) $21 \cdot (-3) =$ ___ i) $12 \cdot 90 =$ ___

3 Schreibe die Aufgaben kürzer als Multiplikationsaufgaben! Rechne aus!

a) $4 + 4 + 4 + 4 =$ ________ d) $5 + 5 + 5 + 5 + 5 =$ ________

b) $6 + 6 + 6 + 6 + 6 + 6 =$ ________ e) $3 + 3 + 3 =$ ________

c) $8 + 8 + 8 + 8 + 8 + 8 + 8 + 8 =$ ________ f) $7 + 7 + 7 + 7 + 7 + 7 + 7 =$ ________

4 Wie groß ist der Flächeninhalt folgender Vierecke? Formuliere entsprechende Multiplikationsaufgaben!

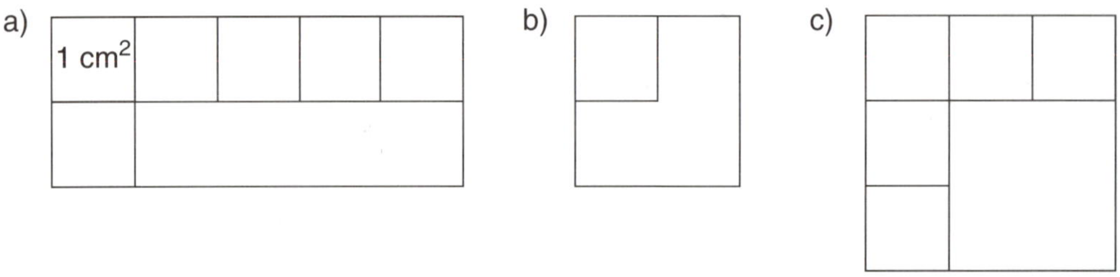

a) $A = 5 \cdot$ ___ $cm^2 =$ ___ cm^2 b) $A =$ ________ c) $A =$ ________

Eine Zahl a quadrieren heißt, sie mit sich selbst zu multiplizieren. Das Ergebnis heißt Quadrat von a.
Schreibe: a^2

5 Ergänze die Folge der Zahlen, die jeweils durch Quadrieren entstanden sind!

1; 4; 9; ___; ___; ___; ___; 64; ___; ___

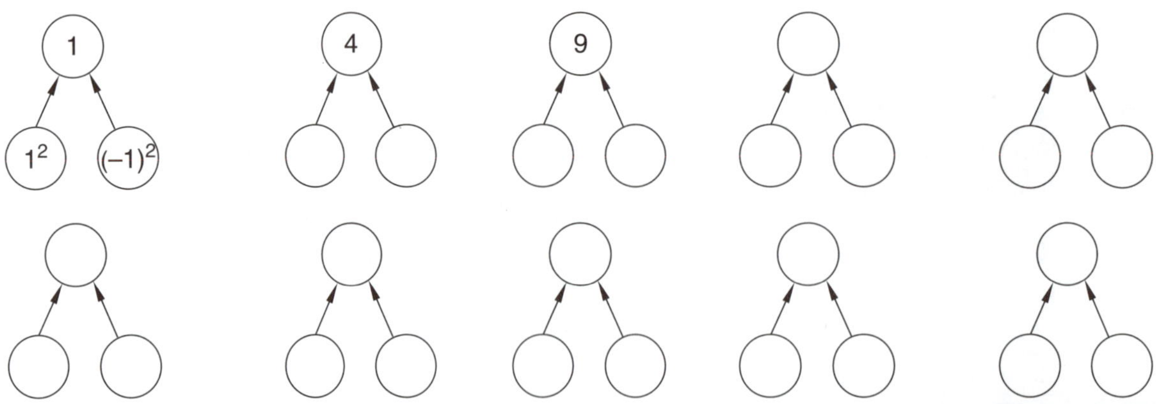

Lösungen

1. a) 35 b) 14 c) 42 d) 40 e) 24 f) 24 g) −20 h) 63 i) 12 j) 16 k) 18 l) 9 m) 18 n) 32 o) 56

2. a) (−60) b) 72 c) 54 d) 65 e) 77 f) (−63) g) 160 h) 210 i) 1080

3. a) $4 \cdot 4 = 16$ b) $6 \cdot 6 = 36$ c) $8 \cdot 8 = 64$ d) $5 \cdot 5 = 25$ e) $3 \cdot 3 = 9$ f) $7 \cdot 7 = 49$

4. a) $A = 2 \cdot 5\ cm^2 = 10\ cm^2$ b) $A = 2 \cdot 2\ cm^2 = 4\ cm^2$ c) $A = 3 \cdot 3\ cm^2 = 9\ cm^2$

5. $1^2 = 1 = (-1)^2$; $2^2 = 4 = (-2)^2$; $3^2 = 9 = (-3)^2$; $4^2 = 16 = (-4)^2$; $5^2 = 25 = (-5)^2$; $6^2 = 36 = (-6)^2$; $7^2 = 49 = (-7)^2$ $8^2 = 64 = (-8)^2$ $9^2 = 81 = (-9)^2$ $10^2 = 100 = (-10)^2$

1 Berechne $4{,}82^2$ mit dem Taschenrechner! Führe zuerst einen Überschlag durch! Probiere die Ablaufpläne aus und notiere das Ergebnis! Was stellt du fest?

Überschlag: ______________________

a) [4] [·] [8] [2] ⓧ [4] [·] [8] [2] [=] ______________________

b) [x^2] [4] [·] [8] [2] [=] ______________________

c) [4] [·] [8] [2] [x^2] [=] ______________________

____

____

2 Notiere einen Aufgabenplan, um $(-13{,}8)^2$ zu berechnen!

Überschlag: ____________

Ablaufplan: ____________ Ergebnis: ____________

Die Eingabe der Klammern und des Vorzeichens kann ich mir ja sparen, denn das Ergebnis ist positiv.

3 Fülle die Tabelle aus!

	x	Überschlag für x^2	Ergebnis des Taschenrechners für x^2
a)	73		
b)	126		
c)	(–0,152)		
d)	8,1 · 4,9		
e)	(–28,7)		
f)	(4,2 + 12,5)		

4 Berechne $\sqrt{86}$ mit dem Taschenrechner! Notiere den Ablaufplan!

Überschlag: ______________________

Ablaufplan: ______________________ Ergebnis: ______________________

5 Fülle die Tabelle aus! Runde auf zwei Stellen nach dem Komma!

		Überschlag	Ergebnis des Taschenrechners
a)	$\sqrt{42}$		
b)	$\sqrt{(-85)}$		
c)	$\sqrt{12,5}$		
d)	$\sqrt{280}$		
e)	$\sqrt{8^2}$		
f)	$\sqrt{12^2 + 7^2}$		
g)	$\sqrt{(12+7)^2}$		
h)	$\sqrt{5 \cdot 9}$		

Lösungen

3.

	Überschlag für x^2	Ergebnis des T.
a)	4900	5329
b)	10000	15876
c)	0,01	0,02310
d)	1600	1575,3
e)	900	823,69
f)	289	278,89

1. Überschlag: 5 · 5 = 25
a) 23,2324 b) 4,82
c) 23,2324

2. Überschlag: (–14) · (–14) = 196
Ablaufplan: [1][3][·][8][x^2] Ergebnis: 190,44

4. Überschlag: $\sqrt{100} = 10$
Ablaufplan: [8][6][$\sqrt{\ }$]
Ergebnis : 9,27

5.

	Überschlag	Ergebnis des T.
a)	6	6,48
b)	/	/
c)	3	3,54
d)	16	16,73
e)	8	8
f)	14	13,89
g)	19	19
h)	7	6,71

1 Welche Vereinfachung für die folgenden Terme ist richtig? Entscheide zunächst, ohne zu rechnen!

a) $3 \cdot 15 + 7 \cdot 15$ → $10 \cdot 15$ / $10 \cdot 30$

b) $4 \cdot 12 + 12 + 12$ → $4 \cdot 36$ / $6 \cdot 12$

c) $4 \cdot 4 + 4 \cdot 4 + 4 \cdot 4$ → $3 \cdot 4^2$ / $12 + 4^2$

d) $8 \cdot 9 - 8 \cdot 6$ → $3 \cdot 8$ / $0 \cdot 3$

2 Vereinfache!

a) $\frac{3 \cdot 7}{12 \cdot 3} =$ ___ b) $\frac{2 \cdot (5 + x)}{2 \cdot 6} =$ ___ c) $\frac{5 \cdot 6 \cdot 9}{7 \cdot 6 \cdot 5} =$ ___ d) $\frac{4 \cdot 6}{18} =$ ___

3 Fülle die Tabelle aus!

x	2 · x	x + 2	x^2	3 · x	x + 3	x^3
–1						
0						
1						
3						
–5						
10						

4 Für welche Geldbeträge ensteht eine günstige Variante für Maik ? Gib Beispiele an!

a) Sein Taschengeld wird um 2,00 € vermehrt oder der Betrag wird quadriert.

______

______

b) Sein Taschengeld wird verdreifacht oder der Betrag wird quadriert.

______

______

c) Der Betrag seines Taschengeldes wird quadriert oder hoch 3 genommen.

______

______

5 Wie viele Einheitswürfel (1 cm x 1 cm x 1 cm) bilden die Kantenlänge eines aus 216 Einheitswürfeln bestehenden Würfels?

______

6 Berechne mithilfe des Taschenrechners! Gib die verwendeten Tastenfolgen an! Benutze die Taste y^x!

a) $7^5 =$ ___ b) $3{,}2^4 + 1{,}6^2 =$ ___ c) $11{,}5^3 - 6{,}3^4 =$ ___ d) $(-2{,}4)^7 + 12^3 =$ ___

______

______

Lösungen

1. a) $10 \cdot 15$ b) $6 \cdot 12$ c) $3 \cdot 4^2$ d) $3 \cdot 8$
2. a) $\frac{7}{12}$; b) $\frac{5 + x}{6}$; c) $\frac{9}{7}$; d) $\frac{4}{3}$
3.

2 · x	x + 2	x^2	3 · x	x + 3	x^3
–2	1	1	–3	2	–1
0	2	0	0	3	0
2	3	1	3	4	1
6	5	9	9	6	27
–10	–3	25	–15	–2	–125
20	12	100	30	13	1000

4. a) 2,00 € mehr ist günstiger für z.B. 0,10 €; 1,50 €; 1,90 €. Quadrieren ist günstig für z.B. 3,00 €; 4,00 €.
b) Verdreifachen ist besser für: 1,00 €; 1,50 €; 2,50 €. Quadrieren ist besser für: 3,50 €; 4,00 €; 10,00 €.
c) Quadrieren ist besser für 0,50 €; 0,70 €; 0,90 €. Mit drei Potenzieren ist besser für: 1,20 €; 2,00 €; 4,00 €.
5. 6 Würfel
6. a) 16807 b) 107,42 c) –54,42 d) 1269,35

7 Berechne mit dem Taschenrechner!

a) $4{,}2^5 =$ ______ b) $(-1{,}8)^3 =$ ______ c) $(-3{,}7)^4 - 2^7 =$ ______

d) $6^3 - 5^0 =$ ______ e) $5{,}2^4 + 8^3 =$ ______ f) $14{,}2^2 + (-6{,}9)^3 =$ ______

8 Fasse zu einer Potenz zusammen!

a) $2^3 \cdot 2 \cdot 2 =$ ______ b) $5^2 \cdot 5 \cdot 5 =$ ______ c) $\frac{2^6}{2 \cdot 2 \cdot 2 \cdot 2} =$ ______

d) $9 \cdot 9 \cdot 9 \cdot 9^4 =$ ______ e) $\frac{4 \cdot 4 \cdot 4}{4^2} =$ ______ f) $\frac{6^3 \cdot 6 \cdot 6}{6 \cdot 6 \cdot 6} =$ ______

g) $(3 \cdot 3 \cdot 3 \cdot 3)^2 =$ ______ h) $\frac{8 \cdot 8 \cdot 8}{2 \cdot 2 \cdot 2} =$ ______ i) $7 \cdot 11 \cdot 7 \cdot 11 \cdot 7 \cdot 11 \cdot 7 \cdot 11 =$ ______

9 Vereinfache und berechne (wenn möglich)!

a) $4^3 \cdot 4^5 =$ ______ $=$ ______ b) $2^3 \cdot 2^3 =$ ______ $=$ ______

c) $\frac{5^2 \cdot 5^7}{5^4} =$ ______ $=$ ______ d) $7^2 \cdot a^2 \cdot b^2 =$ ______ $=$ ______

e) $\frac{6^4 \cdot 8^5}{8} =$ ______ $=$ ______ f) $(x \cdot y)^3 \cdot x =$ ______ $=$ ______

Potenzgesetze

1) $a^m \cdot a^n = a^{m+n}$

2) $\frac{a^m}{a^n} = a^{m-n}$

3) $a^m \cdot b^m = (a \cdot b)^m$

4) $\frac{a^m}{b^m} = (\frac{a}{b})^m$

5) $(a^m)^n = a^{m \cdot n}$

10 Ergänze die fehlenden Exponenten, Potenzen bzw. Basen!

a) $2^3 \cdot 2^{\square} = 2^9$ b) $\frac{3^7 \cdot 3^{\square}}{3^5} = 3^6$ c) $\frac{12^6}{12^{\square}} = 12^2$

d) $\frac{8^9}{8^2 \cdot 8^{\square}} = 8^3$ e) $5^4 \cdot \square = 15^4$ f) $(\square^2)^{\square} = 7^{10}$

11 Berichtige!

a) $2^4 + 2^4 = 2 \cdot 2^4 = 4^4$ ______ b) $\frac{2^6 \cdot 3^4 \cdot 3^2}{3^6} = \frac{2^6 \cdot 3^6}{3^6} = \frac{6^6}{3^6} = 2^0$ ______

c) $(-3)^5 \cdot (-3)^6 = 3^{11}$ ______ d) $\frac{10^5}{10^5} = 10^0 = 0$ ______

Lösungen

8. a) 2^5 b) 5^4 c) 2^2 d) 9^7 e) 4 f) 6^2 g) 3^8 h) 4^3 i) 77^4

10. a) 2^6 b) 3^4 c) 12^4 d) 8^4 e) 3^4 f) $(7^2)^5$

7. a) 1306,91 b) −5,83 c) 59,42 d) 215 e) 1243,16 f) −126,87

9. a) $4^8 = 65536$ b) $4^3 = 64$ c) $5^5 = 3125$ d) $(7ab)^2$ e) $48^4 = 5308416$ f) x^4y^3

11. a) 2^5 b) 2^6 c) $(-3)^{11}$ d) 1

1 Berechne!

a) $40 \cdot 100 =$ ______ b) $7,8 \cdot 100 =$ ______ c) $56 \cdot 100 =$ ______ d) $5,6 \cdot 100 =$ ______

e) $0,92 \cdot 10 =$ ______ f) $2,53 \cdot 1000 =$ ______ g) $0,03 \cdot 100 =$ ______ h) $12,7 \cdot 10 =$ ______

2 Ergänze!

a) $32 \cdot$ ________ $= 32\,000$ b) $71 \cdot$ ________ $= 7100$ c) $16,45 \cdot$ ________ $= 1645$

d) $5,9 \cdot$ ________ $= 59\,000$ e) $8,5 \cdot$ ________ $= 85\,000$ f) $0,92 \cdot$ ________ $= 9200$

3 Berechne mit dem Taschenrechner!

a) $349^4 =$ ____________________

b) $5690000 \cdot 4100 =$ ____________________

c) $2900000^2 =$ ____________________

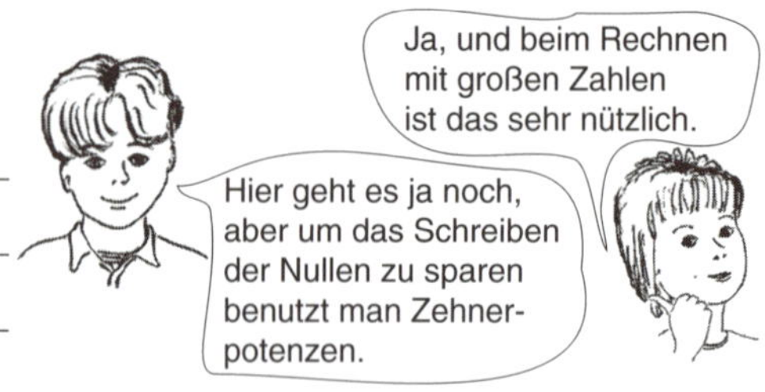

4 Ergänze so wie im Beispiel!

Beispiel: $320000 = 32000 \cdot 10 = 3200 \cdot 10^2 = 320 \cdot 10^3 = 32 \cdot 10^4 = 3,2 \cdot 10^5$

a) $49200 =$ ____________________

b) $518000 =$ ____________________

c) $2340000 =$ ____________________

____

5 Vergleiche! Setze eines der Zeichen „<"; „=" oder „>"!

a) $3,5 \cdot 10^4$ ____ $3,5 \cdot 10^6$ b) 71000 ____ $7,1 \cdot 10^4$

c) $1,6 \cdot 10^6$ ____ 160000 d) $5,8 \cdot 10^5$ ____ $3,7 \cdot 10^5$

e) 1900000 ____ $1,9 \cdot 10^5$ f) $83 \cdot 10^3$ ____ $8,3 \cdot 10^4$

6 Ergänze die Ablaufpläne und rechne aus!

a) $2,6 \cdot 10^{11} \cdot 0,08$ 2,6 [EXP] ___ [ ] 0,08 ____________

b) $\frac{5,1 \cdot 10^{15}}{722}$ 5,1 [ ] 5 [ ] ___ ____________

c) $4,16 \cdot 10^8 \cdot 1590$ ___ [ ] ___ [X] 1590 ____________

d) $\frac{1,5 \cdot 10^7}{0,027}$ 1,5 [EXP] ___ [ ] ___ ____________

7 Berechne!

a) $3,5 \cdot 10^6 \cdot 6,02 \cdot 10^3 =$ ____________ b) $\frac{5,29 \cdot 10^4}{3 \cdot 10^2} =$ ____________

c) $\frac{9,4 \cdot 10^5 \cdot 1,2 \cdot 10^3}{6,6 \cdot 10^7} =$ ____________ d) $\frac{7,9 \cdot 10^{15}}{2,3 \cdot 10^6 \cdot 1,8 \cdot 10^7} =$ ____________

Lösungen

2. a) 1000 b) 100 c) 100 d) 10000 e) 10000 f) 10000
5. a) < b) = c) > d) > e) > f) =
1. a) 4000 b) 780 c) 5600 d) 560 e) 9,2 f) 2530 g) 3 h) 127
3. a) $1,484 \cdot 10^{10}$ b) $2,333 \cdot 10^{10}$ c) $8,41 \cdot 10^{12}$
7. a) $2,107 \cdot 10^{10}$ b) $1,763 \cdot 10^2$ c) $1,709 \cdot 10 = 17,1$ d) $1,91 \cdot 10^2$
4. a) $4920 \cdot 10 = 4,92 \cdot 10^4$ b) $51800 \cdot 10 = 5,18 \cdot 10^5$ c) $234000 \cdot 10 = 2,34 \cdot 10^6$
6. a) $2,08 \cdot 10^{10}$ b) $7,06 \cdot 10^{12}$ c) $6,61 \cdot 10^{11}$ d) $5,56 \cdot 10^8$

1 Lege aus quadratischen Notizblättern oder aus anderen quadratischen Objekten größere Quadrate! Schreibe auf, aus wie vielen Blättern das möglich ist!

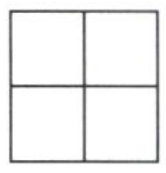

Quadrate entstehen z. B. aus:

2 Welche Seitenlänge x hat ein Quadrat, das den gleichen Flächeninhalt hat wie das Rechteck mit den gegebenen Seitenlängen?

	(1)	(2)	(3)	(4)	(5)
a	4 cm	12,1 cm	2,7 cm	15 cm	8 cm
b	9 cm	10 cm	30 cm	5,4 cm	12,5 cm
x					

3 Welche Zahlen führen in den Leerstellen zu wahren Aussagen?

a) $\_\_\_\_^2 = 144$

b) $\sqrt{144} = \_\_\_\_$

4 Herr Berthold kauft Teppichfliesen. Das Sparset enthält 16 Fliesen, die Fliesengröße beträgt jeweils 50 x 50 cm. Welcher Flächeninhalt lässt sich damit auslegen?

Welche Fläche kann mit 6 Paketen ausgelegt werden?

Welche Abmessungen könnte ein rechteckiger Fußboden mit diesem Flächeninhalt haben?

5 Aus wie vielen kleinen Würfeln besteht der abgebildete Würfel? Schreibe auch als Potenz!

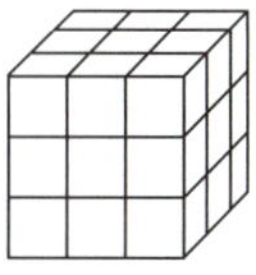

Lösungen

4. a) $4\ m^2$
   b) $24\ m^2$
   c) z. B. 6 m x 4 m,
   3 m x 8 m
   2 m x 12 m

2.

	(1)	(2)	(3)	(4)	(5)
x	6 cm	11 cm	9 cm	9 cm	10 cm

1. Quadrate entstehen z. B. aus 4; 9; 16; 25; 36; 49; 64; 81; 100 Blättern.

5. Anzahl: 27
   Potenz: 3^3

3. a) 12, –12
   b) 12

6 Berechne das Volumen der abgebildeten Würfel! Führe zuerst einen Überschlag durch!

a)

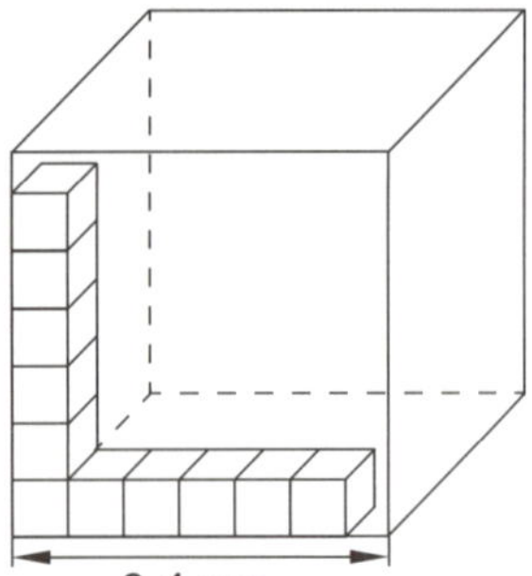

b)

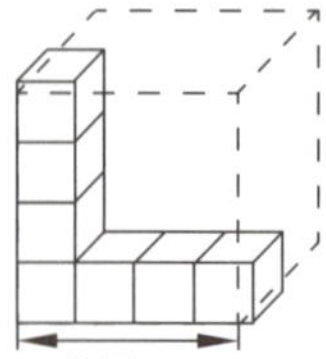

c)

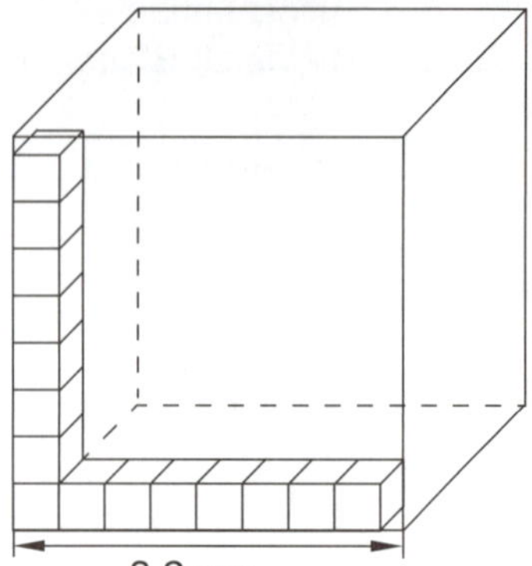

Überschlag: V ≈ __________ V ≈ __________ V ≈ __________

Rechnung: ______________________________

7 Licht legt pro Sekunde eine Strecke von rund $3 \cdot 10^5$ km zurück.

a) Ergänze!

– In zwei Sekunden ergibt das eine Strecke von __________

– In 10 Sekunden sind es etwa __________

– In 100 Sekunden sind es __________

– In __________ Sekunden sind es etwa $1{,}5 \cdot 10^9$ km.

8 Spiel:
Ihr benötigt 2 Spielwürfel. Zunächst wird die „Zielzahl“ erwürfelt und festgelegt.
Beispiel: ⚅ ⚁ ; Es sind die „Zielzahlen“ 26 oder 62.
Mit einem der Würfel wird die „Startzahl“ der Mitspieler erwürfelt. Diese darf dann beliebig potenziert werden. Gewonnen hat, wer der Zielzahl am nächsten kommt.
Beispiel: Startzahl: ⚂ ; 3 Rechnung: $3^3 = 27$

9 waagerecht:

1) $(9 + 2)^2$
3) $2 \cdot 6^2$
5) $1{,}5^3 \cdot 10^3$
6) $5 \cdot (7^2 + 2^2)$
8) $\sqrt{900}$
9) $\sqrt{2000 - 400}$
10) $(3^2)^2$
11) $\sqrt{81}$
12) $2 \cdot (2 \cdot 6)^2$
14) $6^2 \cdot 10^2 + \sqrt{49}$

senkrecht:

1) $4^2 \cdot 4^3$
2) $12^2 - 3^2$
3) $2 \cdot 14^4 + 2 \cdot 3^5$
4) $10 \cdot 5^2$
7) $4^6 + 2 \cdot 10^3$
10) $2^3 \cdot 10^2 + 3^3$
13) $\sqrt{6400}$

1		2	■	3	4
	■	5			
6	7		■	8	
9		■	10		■
■	11	■	12		13
14				■	

Lösungen

6. Überschlag: a) $V \approx 216\ cm^3$ c) $V \approx 1000\ cm^3$
Berechnung: $V = (6{,}4\ cm)^3 = 262{,}144\ cm^3$ $V = (8{,}2\ cm)^3 = 551{,}368\ cm^3$
Überschlag: b) $V \approx 64\ cm^3$
Berechnung: $V = (3{,}7\ cm)^3 = 50{,}653\ cm^3$

7 a) $6 \cdot 10^5$ km
$3 \cdot 10^6$ km
$3 \cdot 10^7$ km
5000 Sekunden

9.

1 1	2	2 1	■	3 7	4 2
0	■	5 3	3	7	5
6 2	7 6	5	■	8 3	0
9 4	0	■	10 8	1	■
■	11 9	■	12 2	8	13 8
14 3	6	0	7	■	0

1 Entscheide, ob es sich bei den vorgegebenen Zeichenreihen um Terme (T), Gleichungen (G) oder Ungleichungen (U) handelt!

a) 49,8 ______ b) $5x + 2$ ______ c) $V = \frac{1}{3}\pi r^2 h$ ______ d) $a < b + c$ ______

e) $\pi < 2{,}0$ ______ f) $10 = 11$ ______ g) $\frac{5a}{a+b} + b$ ______ h) $18{,}4x \geq \sqrt{2}$ ______

2 Vereinfache!

a) $7a \cdot 8$ ______ b) $(11x)^2$ ______ c) $24x : 8$ ______ d) $6x \cdot 2x \cdot 3y$ ______

e) $7uv \cdot 0$ ______ f) $-p^2 : p$ ______ g) $\frac{120cd}{-6c}$ ______ h) $(-1)^8 \cdot a^8 \cdot \frac{5}{a}$ ______

3 Bilde nacheinander von folgenden Termen (1) die Summe, (2) das Produkt, (3) die Differenz, (4) den Quotienten und vereinfache so weit wie möglich!

	$6b$ und $2b$	$5a^2$ und $-9a^2$	$27x$ und 3	m^2 und m
(1) Summe				
(2) Produkt				
(3) Differenz				
(4) Quotient				

4 Vereinfache!

a) $(3x + 15y)(8x - 3y)$ ______

b) $25uv : 5u + 35v^2 : 7v$ ______

c) $5(2x + y) + (6x - y) \cdot 4$ ______

d) $(a + b)(2a - b) + (a - b)(2a + b)$ ______

5 Vereinfache!

$(12x^2 - 16xy) : (15xy - 20y^2)$ ______

6 Fülle die freien Felder aus!

a) $(u - v) - (u + v) + \square = 0$ ______

b) $(x - y)^2 - (x - y)^2 + \square = 0$ ______

c) $(2a + 3b)(a - b) - (2a^2 - 3b^2) - \square = 0$ ______

d) $(x + y)^2 - (x - y)^2 + \square = 0$ ______

Lösungen

2. a) $56a$ b) $121x^2$ c) $3x$ d) $36x^2y$ e) 0 f) $-p$ g) $-20d$ h) $5a^7$

4. a) $24x^2 - 111xy - 45y^2$ b) $10v$ c) $34x + y$ d) $4a^2 - 2b^2$

5. $\frac{4x}{5y}$

1. a) T b) T c) G d) U e) U f) G g) T h) U

5. a) $2v$ b) ab c) 0 d) $4xy$

3. a) $8b$; $12b^2$; $4b$; 3 b) $-4a^2$; $-45a^4$; $14a^2$; $-\frac{5}{9}$ c) $27x + 3$; $81x$; $27x - 3$; $9x$ d) $m^2 + m$; m^3; $m^2 - m$; m

1

a) $\frac{1}{2} + a = 0{,}8;$ a = ________ b) $\frac{1}{2} - b = \frac{1}{4};$ b = ________ c) $\frac{3}{4} \cdot c = \frac{6}{24};$ c = ________

d) $0{,}8 + d = 1;$ d = ________ e) $\frac{1}{2} \cdot e = 100;$ e = ________ f) $\frac{7}{6} - f = \frac{4}{6};$ f = ________

g) $g + \frac{3}{7} = \frac{8}{7};$ g = ________ h) $h \cdot \frac{1}{2} = 4;$ h = ________ i) $\sqrt{k} = \frac{7}{2};$ k = ________

2 Löse die Gleichungen!

a) $x + 2x + 3x + 4x = 10;$ x = ________

b) $x - 2x + 3x - 4x = 10;$ x = ________

c) $(x + 2x) - (3x + 4x) = 10;$ x = ________

d) $x + 2(x - 3x) + 4x = 10;$ x = ________

e) $x + 2x - 3(x + 4x) = 10;$ x = ________

f) $x - 2x - 3x - 4x = 10;$ x = ________

3 Ermittle für die folgenden Gleichungen die Lösungsmenge in den jeweils angegebenen Grundbereichen!

a) $3x = 9x;$ $\mathbb{N}$ L = ________

b) $5x - 7 = -7x + 5;$ $\mathbb{Q}$ L = ________

c) $-0{,}5x = 2;$ $\mathbb{Z}$ L = ________

d) $3x - 3 = 3x + 3;$ $\mathbb{Q}$ L = ________

e) $0{,}2u + 0{,}9u = 4;$ $\mathbb{Z}$ L = ________

f) $x - 7 = 7 - x;$ $\mathbb{N}$ L = ________

4 Löse die Gleichungen!

a) $(15 - y) \cdot 6 = 6y + 12;$ y = ________

b) $\frac{x}{2} - \frac{x-1}{2} = x - 1;$ x = ________

c) $2x - (x + y) = 14 - 12x;$ y = ________

d) $\frac{x}{2} + \frac{x}{3} + \frac{x}{4} = 26;$ x = ________

Lösungen

1. $a = 0{,}3;$ $b = \frac{1}{4};$ $c = \frac{2}{6} = \frac{1}{3};$ $d = 0{,}2;$ $e = 200;$ $f = \frac{3}{6} = \frac{1}{2};$ $g = \frac{5}{7};$ $h = 8;$ $k = \frac{49}{4}$

4. a) $y = 6{,}5$ b) $x = 1{,}5$ c) $y = 13x - 14$ d) $x = 24$

2. a) 1 b) -5 c) $-2{,}5$ d) 10 e) $-\frac{10}{12} = -\frac{5}{6}$ f) $-\frac{10}{8} = -\frac{5}{4}$

3. a) $L = \{0\}$ b) $L = \{1\}$ c) $L = \{-4\}$ d) $L = \varnothing$ e) $L = \varnothing$ f) $L = \{7\}$

1 Löse folgende Ungleichungen in der Menge der natürlichen Zahlen!

a) $100\,004 > x > 99\,998$ ____________________

b) $100\,004 - x > 99\,998$ ____________________

c) $6\,345\frac{4}{5} < x < 6\,346\frac{1}{2}$ ____________________

2 Löse folgende Ungleichungen!

a) $x - 3 > 2$ __________ b) $3 + x < 4$ __________

c) $3x > 6$ __________ d) $-3x < 9$ __________

e) $-x > 3$ __________ f) $-5x > 0$ __________

g) $5x - 7x < 12$ __________ h) $-3x < -9$ __________

i) $-2x < -x - 4$ __________ j) $x - x < 0$ __________

Lösen von Ungleichungen

Für Ungleichungen gelten die selben Umformungsregeln wie für Gleichungen, allerdings mit folgender Ausnahme:

Wenn beide Seiten einer Ungleichung mit einer negativen Zahl multipliziert oder dividiert werden, ist das Relationszeichen umzudrehen.

3 Löse folgende Ungleichungen und stelle die Lösungsmenge grafisch dar!

a) $3x + 1 < 7 + x$ b) $2x + 8 < 6$ c) $\frac{x}{2} + 1 < \frac{9}{4}$

4 Gib die Lösungsmenge der folgenden Ungleichungen an!

a) $\sqrt{-x} < 3$ __________

b) $x^2 < 625$ __________

c) $|x| < 7$ __________

d) $|x + 1| < 7$ __________

Lösungen

3. a) $x < 3$ Darstellung b) $x < -1$ c) $x < 2{,}5$

1. a) L = {100 003; 100 002; 100 001; 100 000; 99 999} b) L = {0; 1; 2; 3; 4; 5} c) L = {6 346}

4. a) $-9 < x \leq 0$ b) $-25 < x < 25$ c) $-7 < x < 7$ d) $-8 < x < 6$

2. a) $x > 5$ b) $x < 1$ c) $x > 2$ d) $x > -3$ e) $x < -3$ f) $x < 0$ g) $x > -6$ h) $x > 3$ i) $x > 4$ k) n.l.

1
a) $(-3) : (-6) =$ ____ b) $(-3) \cdot (-0{,}6) =$ ____ c) $(-3) : \frac{1}{10} =$ ____ d) $(-0{,}3) \cdot \frac{1}{10} =$ ____

e) $16 \cdot (-0{,}5) =$ ____ f) $(-16) : (-5) =$ ____ g) $(-13) : 10 =$ ____ h) $(-1)(-2)(-3) =$ ____

2 Zeichne jeweils die folgenden Funktionen in ein und dasselbe Koordinatensystem!

a) $y = 2x$; $y = 2x - 1$ $y = \frac{3}{2}x - 1$

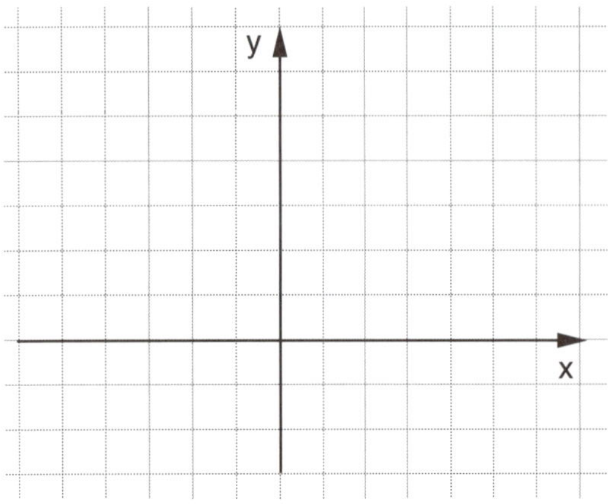

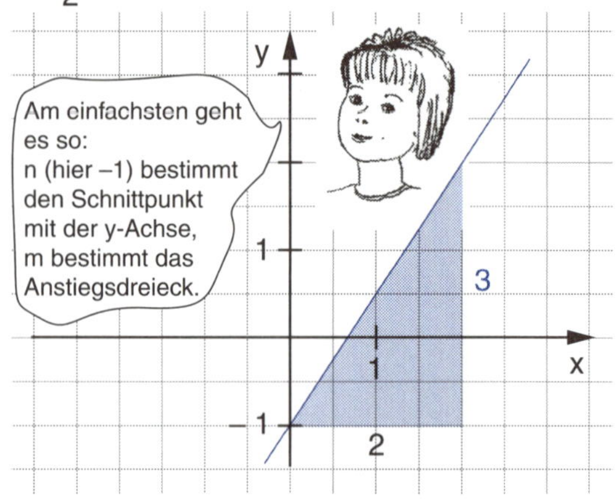

b) $y = -x$; $y = x + 2$

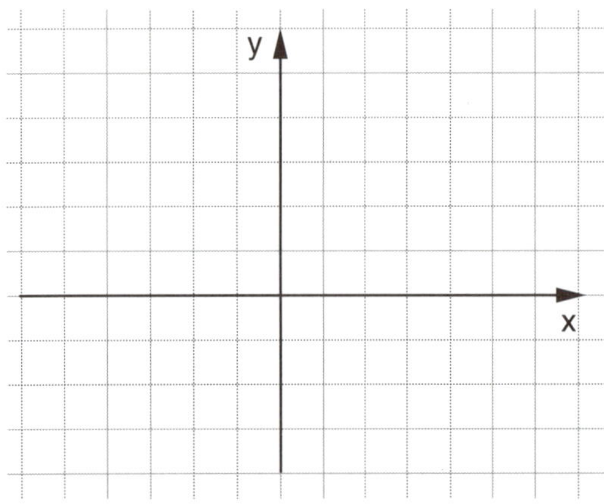

c) $y = \frac{1}{2}x + 1$; $y = 3x - 4$

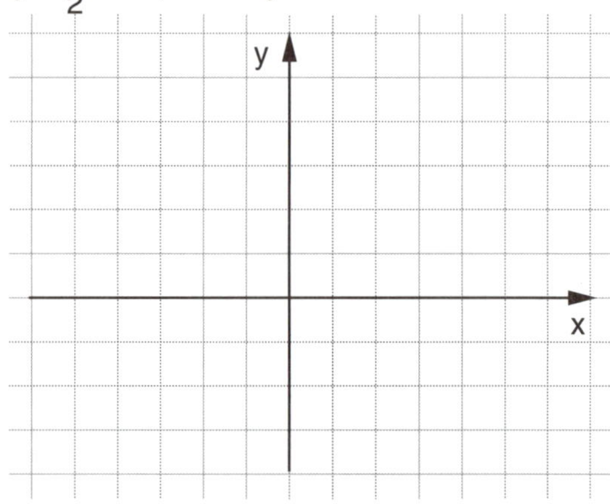

d) $y = \frac{1}{3}x + 2$; $y = -\frac{1}{3}x + 2$

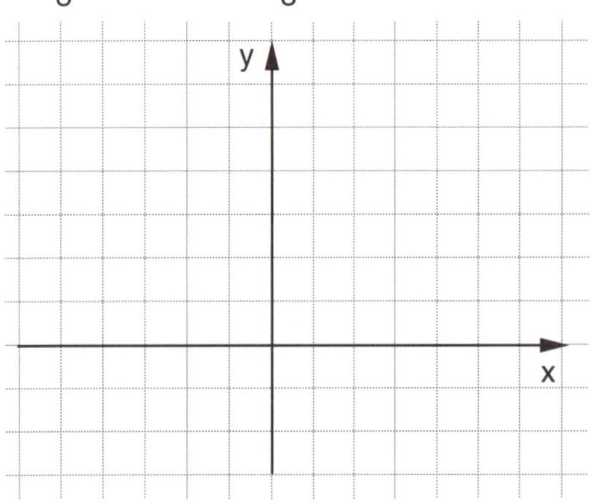

e) $y = \frac{3}{4}x - 1$; $y = -\frac{3}{4}x + 1$

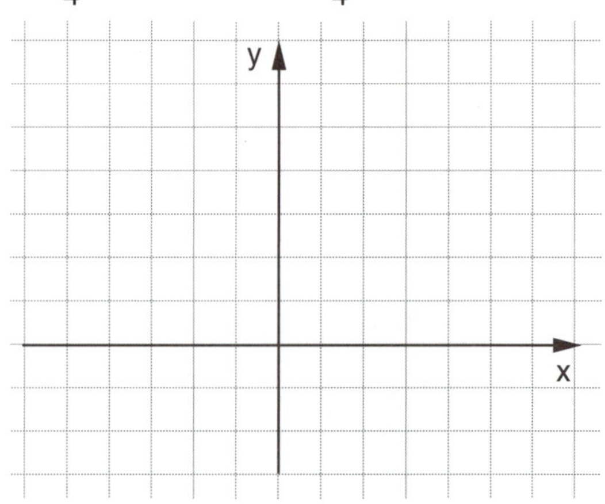

Lösungen

1. a) 0,5 b) 1,8 c) –30 d) –0,03 e) –8 f) 3,2 g) –1,3 h) –6
2. d) zur Kontrolle: die eine Funktion ist das an der y-Achse gespiegelte Bild der anderen Funktionen; bei 2 wird die y-Achse geschnitten
   b) zur Kontrolle: S(–1; 1) ist der Schnittpunkt beider Funktionen
   a) zur Kontrolle: die beiden Funktionen verlaufen parallel; die Nullstelle ist 0 bzw. 1
   c) zur Kontrolle: S(2; 2) ist der Schnittpunkt beider Funktionen
   e) zur Kontrolle: die eine Funktion ist das an der x-Achse gespiegelte Bild der anderen Funktionen; die Nullstelle ist $\frac{4}{3}$

3 Im nebenstehenden Koordinatensystem sind die Graphen von Funktionen dargestellt. Gib die zugehörigen Funktionsgleichungen in der Normalform an!

(1) y = ________ (2) y = ________

(3) y = ________ (4) y = ________

(5) y = ________ (6) y = ________

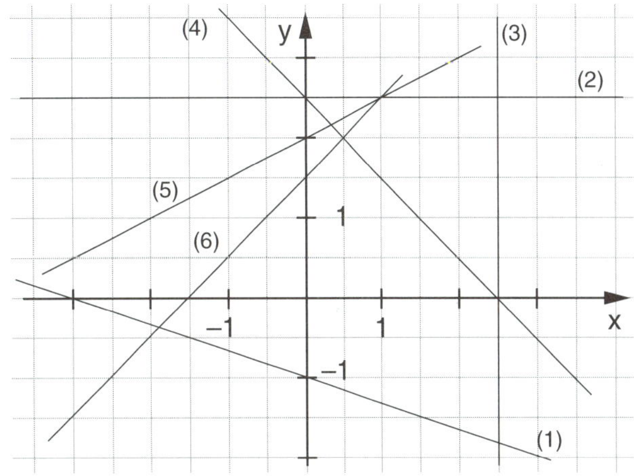

4 Gegeben sind die Gleichungen linearer Funktionen. Gib jeweils die Normalform und die Nullstelle dieser Funktionen an!

a) $y = x + 7$ b) $2y - x = 6$ c) $4x - 6y + 6 = 0$

5 Gegeben sind die folgenden Wertetabellen. Entscheide, ob es sich um lineare Funktionen handeln kann oder nicht! Begründe jeweils!

a)

x	−4	−3	−2	−1	4
y	5	5	5	5	5

____

b)

x	−4	−3	−2	−1	4
y	8	6	4	2	−8

____

c)

x	−4	−3	−2	−1	4
y	−20	−15	−10	−5	0

____

6 Gegeben ist die Gleichung $y = \frac{1}{2}x - 3$. Zu ihr gehören die Paare $P_1(2; y_1)$, $P_2(x_2; 3)$, $P_3(0; y_3)$ und $P_4(x_4; 0)$. Ermittle die fehlenden x- bzw. y-Werte! Gib die Nullstelle dieser Funktion an?

Lösungen

3. (1) $y = -\frac{1}{3}x - 1$ (5) $y = \frac{1}{2}x + 2$ (4) $y = -x + 2{,}5$ (2) $y = 2{,}5$ (6) $y = x + 1{,}5$ (3) keine Funktion
5. a) ja, $y = 5$ b) ja, $y = -2x$ c) nein, (4; 0) tanzt aus der Reihe
4. a) $y = x + 7$; $x_0 = -7$ b) $y = \frac{1}{2}x + 3$; $x_0 = -6$ c) $y = \frac{2}{3}x + 1$; $x_0 = -1{,}5$
6. $y_1 = -2$; $x_2 = 12$; $y_3 = -3$; $x_4 = 6$ (x_4 ist die Nullstelle der Funktion)

1

a) $-1-2-3-4=$ ____ b) $-1+2-3+4=$ ____ c) $1-2+3-4=$ ____

d) $(-1)\cdot(-2)\cdot(-3)\cdot(-4)=$ ____ e) $(-1)\cdot(-2)\cdot(-3)\cdot 4=$ ____ f) $(-1-2)\cdot(-3-4)=$ ____

g) $(1-2)-(3-4)=$ ____ h) $1-(2-3-4)=$ ____ i) $(1-2)\cdot 3-4=$ ____

2 Zeichne die folgenden Funktionen jeweils in ein und dasselbe Koordinatensystem und gib die Koordinaten des Schnittpunktes S der beiden Funktionen an!

a) $y=x+1$; $y=-x+3$ S(____ ; ____) b) $y=3x-3$; $y=x+5$ S(____ ; ____)

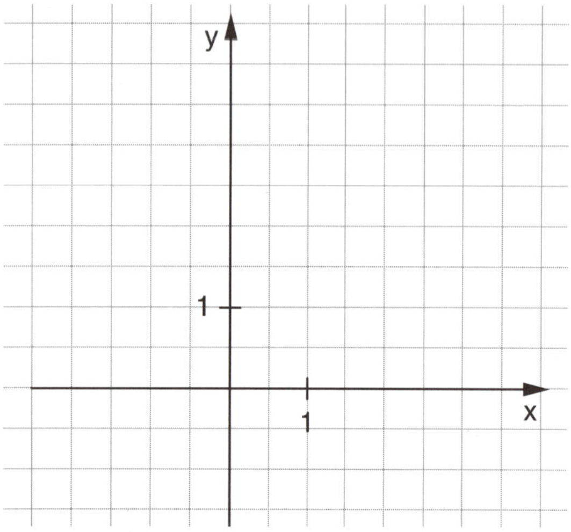

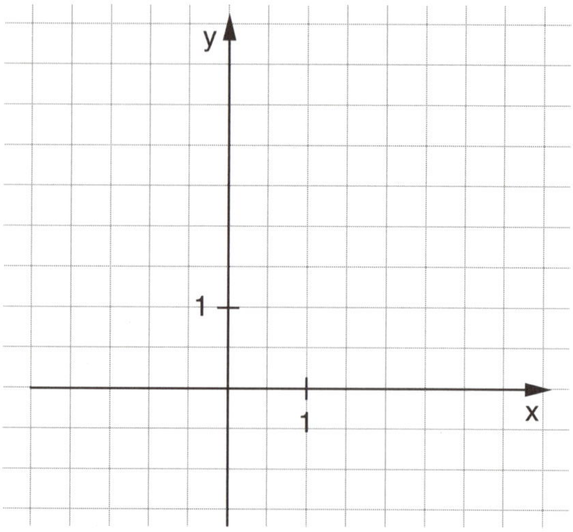

3 Welche der folgenden Wertepaare (x; y) sind Lösung der Gleichung $y=\frac{1}{4}x+5$?
Unterstreiche die richtige Antwort!

a) (0; 5) ja/nein b) (4; 6) ja/nein c) (−1; 4) ja/nein d) (−2; 4,5) ja/nein

e) (−8; −3) ja/nein f) (−8; 3) ja/nein g) (−20; 0) ja/nein h) (0,5; 5,125) ja/nein

4 Stelle jeweils eine Wertetabelle für die folgenden Gleichungen auf! Suche ein Wertepaar (x; y), das Lösung beider Gleichungen ist, und hebe es farbig hervor!

(1) $\frac{1}{2}x+y=7$

x						
y						

(2) $y=3x-7$

x						
y						

5 Gib die gemeinsamen Lösungen der folgenden Gleichungspaare an!

a) (1) $x+y=4$
(2) $x-y=2$

b) (1) $x+y=4$
(2) $x+y=6$

c) (1) $x+y=4$
(2) $2x+2y=8$

Ein System aus zwei linearen Gleichungen mit zwei Variablen (kurz Gleichungssystem genannt), kann folgende Lösungen besitzen:
genau eine Lösung (x; y) keine Lösung unendlich viele Lösungen

Lösungen

1. a) −10 b) 2 c) −2 d) 24 e) −24 f) 21 g) 0 h) 6 i) −7
2. a) S(1; 2) b) S(4; 9)
3. a) ja b) ja c) nein d) ja e) nein f) ja g) ja h) ja
4. (x; y) = (4; 5)
5. a) (x; y) = (3; 1) b) L = Ø c) unendlich viele Lösungen, alle Paare (x; y) = (x; 4 − x)

1 Zeichne die Graphen der folgenden Funktionen in nebenstehendes Koordinatensystem!

a) $y = -2x + 2$

b) $y = x + 2$

c) $y = -\frac{1}{2}x - 1$

Gib die Koordinaten der drei Schnittpunkte der Geraden an!

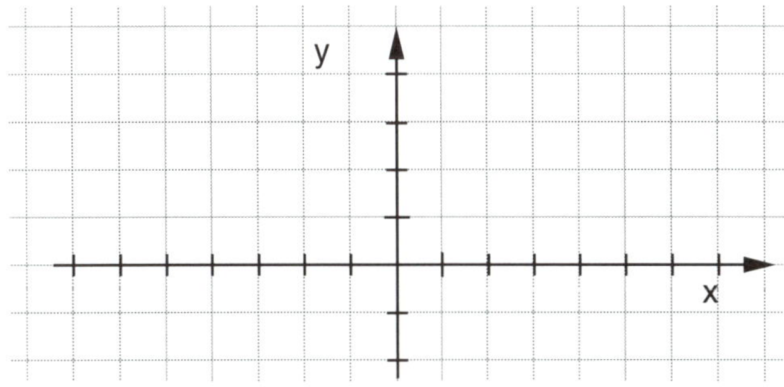

2 Löse die folgenden Gleichungssysteme grafisch!

a) $y = x + 3$
$y = -x + 3$

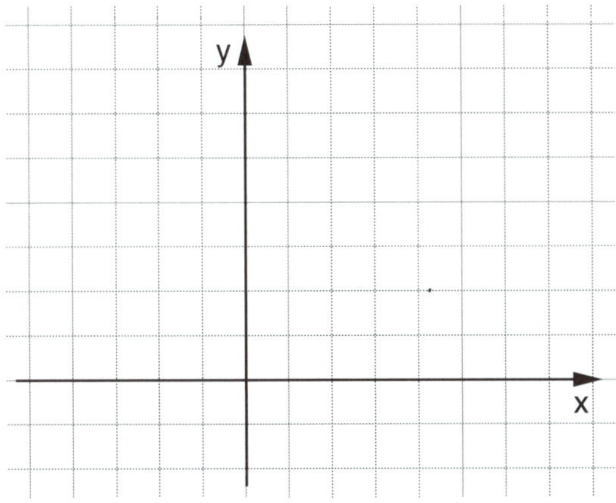

b) $y = 2x + 4$
$y = 3x + 4$

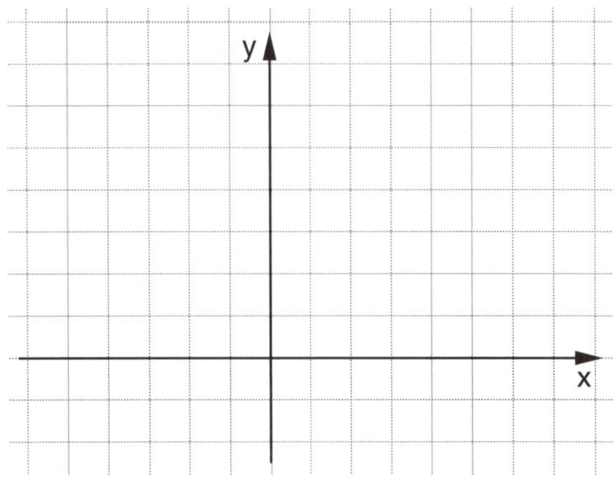

c) $y = 2x + 2$
$y = -x - 1$

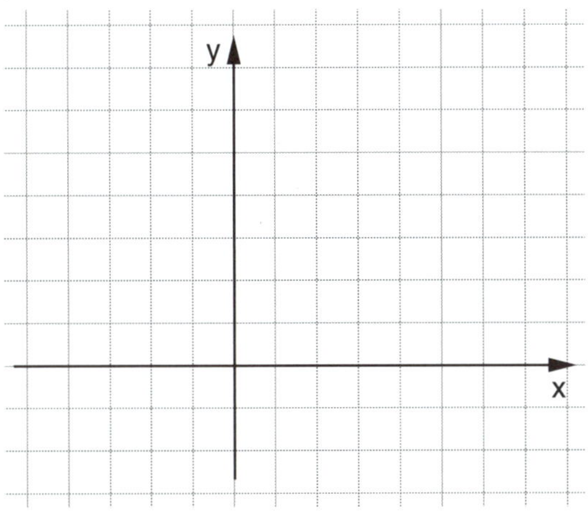

d) $-x + y = 6$
$x + y = 2$

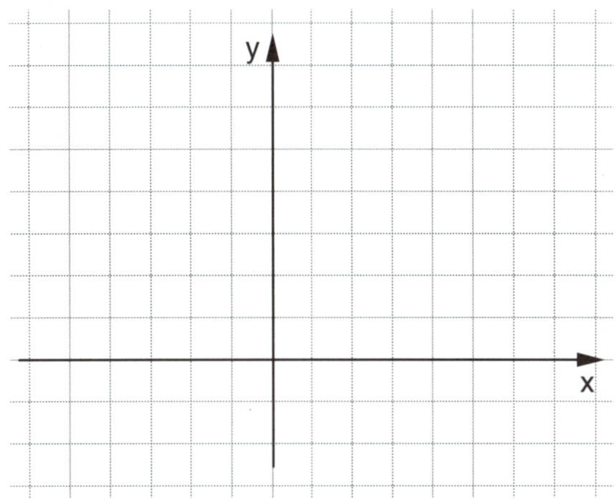

3 Zum Gleichungssystem in Aufgabe 2 c) gibt es ein Ungleichungssystem. Vergleiche nebenstehende Darstellung! Kennzeichne die Lösungsmenge des Ungleichungssystems im obigen Koordinatensystem farbig!

$y < 2x + 2$
$y < -x - 1$

Lösungen

2. a) $(x; y) = (0; 3)$
b) $(x; y) = (0; 4)$
c) $(x; y) = (-1; 0)$
d) $(x; y) = (-2; 4)$

1. Schnittpunkt von a) und b): $(0; 2)$
Schnittpunkt von b) und c): $(-2; 0)$
Schnittpunkt von a) und c): $(2; -2)$

3.

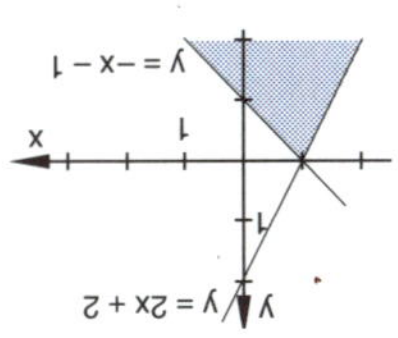

1 Setze in die folgenden Terme für y jeweils 2x – 3 und vereinfache soweit wie möglich!

a) $y + 3$ ______________ b) $2y$ ______________

c) $x + y$ ______________ d) $-2x + y$ ______________

e) $-y^2$ ______________ f) $-2y$ ______________

g) $x - y$ ______________ h) $-x + y$ ______________

i) $\frac{1}{2}y$ ______________ j) $\frac{1}{3}y + \frac{1}{3}x$ ______________

Ein Gleichungssystem kann auf verschiedene Art und Weise gelöst werden.
Gegeben sei nebenstehendes Gleichungssystem.

$$\begin{aligned} x + y &= 3 \\ 2x - y &= 6 \end{aligned}$$

Gleichsetzungsverfahren

Die beiden Gleichungen werden nach einer Variablen umgeformt und gleichgesetzt. Die erhaltene Gleichung wird gelöst und mit dieser Lösung wird der andere Wert errechnet.

$$\begin{aligned} y &= 3 - x \\ y &= 2x - 6 \\ 3 - x &= 2x - 6 \\ \Rightarrow x &= 3 \\ \Rightarrow y &= 0 \end{aligned}$$

Einsetzungsverfahren

Eine Gleichung wird nach einer Variablen umgeformt und der erhaltene Ausdruck in die andere Gleichung eingesetzt.

$$\begin{aligned} x &= 3 - y \\ 2(3 - y) - y &= 6 \\ 6 - 3y &= 6 \\ \Rightarrow y &= 0 \\ \Rightarrow x &= 3 \end{aligned}$$

Additionsverfahren

Die beiden Gleichungen werden so addiert oder subtrahiert, dass eine Variable wegfällt. Oft muss man dazu noch eine Gleichung mit einer Zahl multiplizieren.

$$\begin{aligned} x + y &= 3 \\ +\ (2x - y &= 6) \\ 3x + 0 &= 9 \\ \Rightarrow x &= 3 \\ \Rightarrow y &= 0 \end{aligned}$$

2 Löse das folgende Gleichungssystem!
Führe eine Probe durch, indem du die Lösung in beide Gleichungen des Systems einsetzt!

$$\begin{aligned} x + y &= 6 \\ 2x - y &= -9 \end{aligned}$$

3 Löse das Gleichungssystem rechnerisch! Prüfe mithilfe einer grafischen Darstellung!

$$\begin{aligned} y &= 2x + 1 \\ y &= -x + 4 \end{aligned}$$

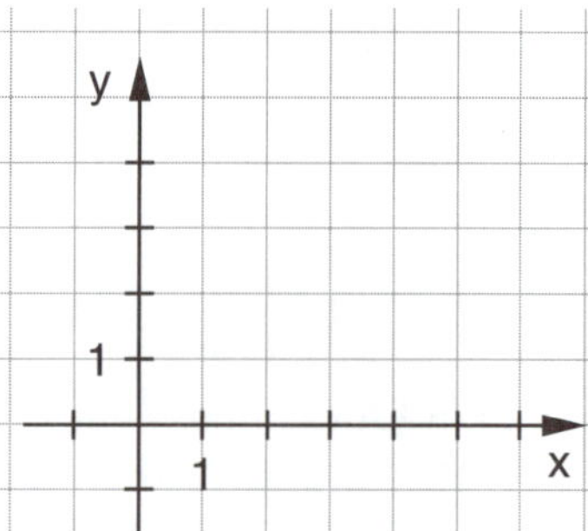

Lösungen

1. a) $2x$ b) $4x - 6$ c) $3x - 3 = 3(x - 1)$ d) -3 e) $-4x^2 + 12x - 9$ f) $-4x + 6$
g) $-x + 3$ h) $x - 3$ i) $x - 1,5$ j) $x - 1$

2. $x = -1$; $y = 7$

3. Der Schnittpunkt S der beiden Funktionsgraphen muss bei (1; 3) liegen.

4 Löse die folgenden Gleichungssysteme!

a) $x + 3y = 6$
$\underline{2x + 3y = -3}$

b) $6x + y = 10$
$\underline{2x - y = 14}$

c) $y = 3 + x$
$\underline{y = 10 - x}$

d) $x + y = 33$
$\underline{20x + 24y = 720}$

e) $y = 0{,}5x + 2$
$\underline{y = 2x - 1}$

f) $y = x^2 - 4x + 3$
$\underline{y = x^2 + 1}$

5 Berechne x und y aus dem folgenden linearen Gleichungssystem!

$3ax + y = 7a \qquad a \in \mathbb{R};\ a \neq 0$
$\underline{ax + y = 3a}$

Lösungen

4. a) (x; y) = (−9; 5) b) (x; y) = (3; −8) c) (x; y) = (3,5; 6,5) d) (x; y) = (18; 15) e) (x; y) = (2; 3)
f) (x; y) = (0,5; 1,25)

5. x = 2; y = a

1 Der Lokführer muss die Lokomotive abhängen und an das Zugende ankoppeln. In der Zeichnung ist die Endstellung der Lokomotive blau dargestellt! Beschreibe in vollständigen Sätzen, wie das Umkoppeln mit möglichst wenig Rangiervorgängen möglich ist!

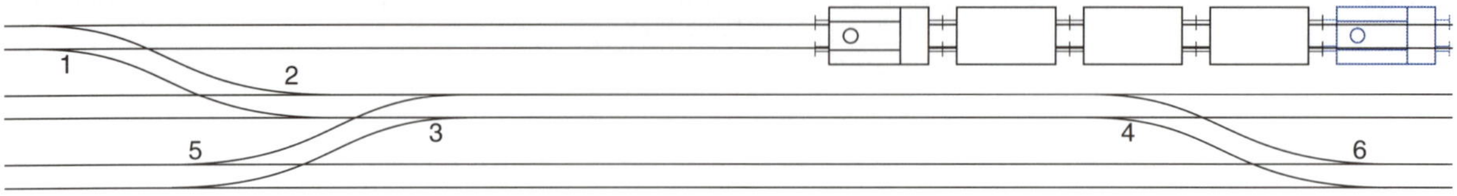

2 Gesucht sind zwei Zahlen. Ihre Summe ist 4. Wird das Dreifache der einen Zahl um das Doppelte der anderen Zahl vermindert, so erhält man 52. Berechne die beiden Zahlen!

3 Jemand legte von einer Strecke das erste Drittel mit der Bahn zurück, die Hälfte des verbleibenden Restes mit dem Auto. Die restlichen 30 km fuhr er mit dem Rad. Welche Strecke legte er insgesamt zurück?

4 In einer Kiste liegen 1000 Kugeln. Es sind schwarze und weiße Kugeln. 99 % dieser Kugeln sind schwarze Kugeln. Wie viele schwarze Kugeln muss man aus der Kiste nehmen, damit ihr Anteil (bei unveränderlichen Anzahl der weißen) nunmehr 98 % beträgt?

Lösungen

2. Man erhält 12 und –8, wenn man folgendes Gleichungssystem löst: (1) $x + y = 4$; (2) $3x - 2y = 52$.

1. Der Zug fährt vorwärts über die Weiche 1 hinaus, dann rückwärts über die Weichen 1; 2; 3; 4 und 6. Danach zieht die Lok den Zug vorwärts, sodass er zwischen den Weichen 5 und 6 zum Stehen kommt. Die Lokomotive koppelt ab und fährt über die Weichen 5, 3, 4 und 6 zum Zugende und koppelt wieder an. Nun wird der Zug über die Weiche 6 hinaus gezogen, rückwärts über die Weichen 6, 4, 3, 2, und 1 auf das Ausgangsgleis zurückgeführt und schließlich vorwärts auf die Ausgangsposition gezogen.

3. $\frac{1}{3}x + \frac{1}{2} \cdot \frac{2}{3}x + 30 = x \quad \Rightarrow \quad x = 90$ km

4. 500

1 Löse die Gleichungen im Kopf!

a) $\frac{x}{2} = 4$ x = ______ b) $x + 2 = 4$ x = ______ c) $x - 2 = 4$ x = ______

$x \cdot 2 = 4$ x = ______ $x + 2x = 4 - x$ x = ______ $x^2 + x = x^2 - 4$ x = ______

2 Stelle die folgenden Funktionen grafisch dar!

(1) $y = -1$ (2) $y = -x + 3$ (3) $y = \frac{1}{2}x$

Berechne den Flächeninhalt des Dreiecks, das von den drei Schnittpunkten der Graphen gebildet wird!

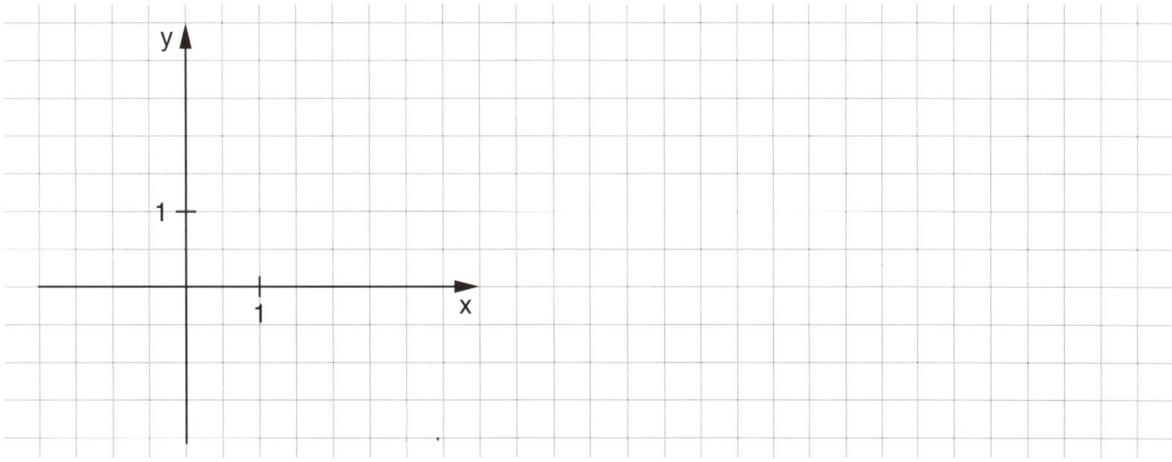

3 Zeichne die folgenden Funktionen!

(1) $y = 2x + 3$ (2) $y = -x - 2$ (3) $y = \frac{1}{2}x - 3$

Gib den Schnittpunkt von (1) und (2) sowie die Nullstelle von (3) an!

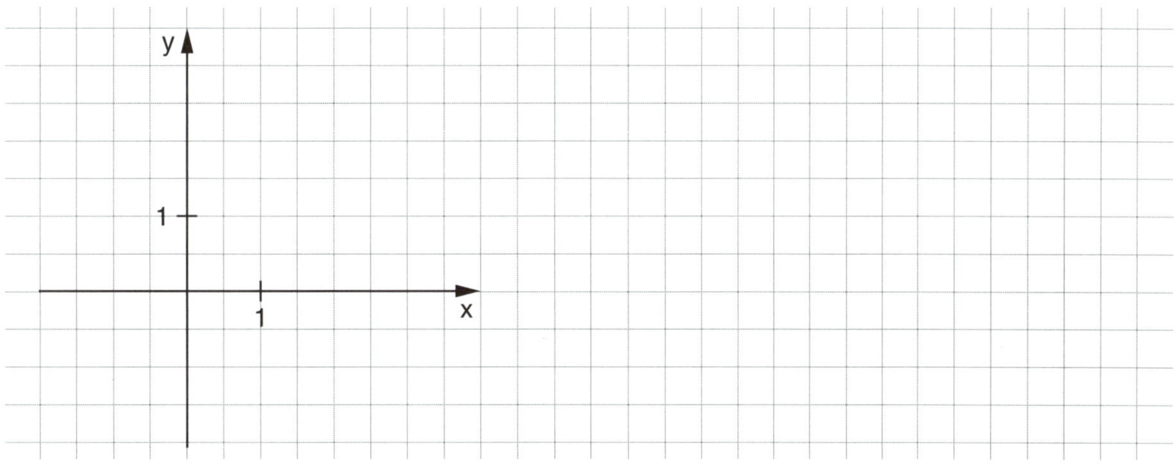

4 Wandle in Produkte um!

a) $24m^2n^2 - 48mn^3 + 24mn$ ______

b) $4a^2 + 4ab + b^2$ ______

c) $0{,}6x^2a + 0{,}8xb - 0{,}4x^3ab$ ______

Lösungen

4. a) $24mm\,(mn - 2n^2 + 1)$
b) $(2a + b)(2a + b) = (2a + b)^2$
c) $0{,}2x(3xa + 4b - 2x^2ab)$

1. a) $x = 8$ d) $x = 2$
b) $x = 2$ e) $x = 1$
c) $x = 6$ f) $x = -4$

3. $S(-\frac{5}{3}; -\frac{1}{3})$ $x_0 = 6$
(So genau ist nur die rechnerische Lösung.)

2. $A = 6\ cm^2$

5 Löse die folgenden Gleichungen!

a) $3(x + \frac{1}{2}) = 10;$ $x =$ ________

b) $4x + x - 10 = 20;$ $x =$ ________

c) $\frac{12}{9} = \frac{18}{x};$ $x =$ ________

d) $x(2x + 1) - 4 = 2x^2;$ $x =$ ________

6 Stelle die Formeln nach der jeweils angegebenen Größe um!

a) $V = a \cdot b \cdot c;$ $a =$ ________

b) $V = \frac{\pi}{4} \cdot d^2 \cdot h;$ $d =$ ________

c) $a^2 = b^2 + c^2;$ $c =$ ________

d) $\frac{1}{R_{Ges}} = \frac{1}{R_1} + \frac{1}{R_2};$ $R_{Ges} =$ ________

7 Berechne den Wert des Terms $\frac{3x - 6}{a + 6}$ für folgende Belegungen!

a) für a = 3 und x = 6

b) für a = −4 und x = −8

8 Die Differenz zweier natürlichen Zahlen beträgt 6. Das Produkt dieser Zahlen ist 216. Wie heißen die Zahlen?

Lösungen

8. 18 und 12

5. a) $x = \frac{17}{6}$ b) $x = 6$ c) $x = 13{,}5$ d) $x = 4$

7. a) $\frac{3}{4}$ b) -15

6. a) $a = \frac{V}{b \cdot c}$ b) $d = \sqrt{\frac{4 \cdot V}{\pi \cdot h}}$ c) $c = \sqrt{a^2 - b^2}$ d) $R_{Ges} = \frac{R_1 \cdot R_2}{R_1 + R_2}$

1 Die Abbildung zeigt die Graphen der Funktionen

$y = x$; $y = x^2$ und $y = \frac{1}{x}$.

Ordne die Gleichungen den Graphen richtig zu!

f_1: y = ____ f_2: y = ____ f_3: y = ____

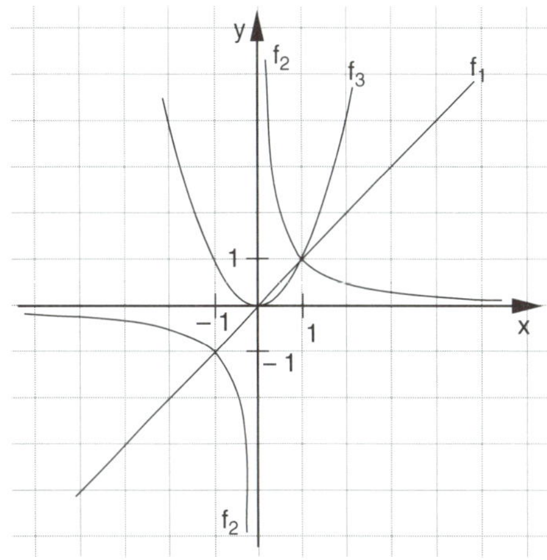

> Funktionen mit Gleichungen der Form $y = ax^2 + bx + c$ (mit $a \neq 0$) heißen quadratische Funktionen. Ihre Graphen nennt man Parabeln. Quadratische Funktionen mit Gleichungen der Form $y = x^2 + px + q$ haben als Graphen Normalparabeln. Ihr tiefster Punkt heißt Scheitelpunkt der Parabel.

2 Entscheide, ob es sich im Folgenden um quadratische Funktionen handelt! Falls das der Fall ist, gib a, b und c an!
(Hinweis: Einige Terme müssen zunächst umgeformt werden.)

a) $y = 3x^2 + 5x + 7$ ____ b) $y = x^2 - 2$ ____

c) $y = (x + 7)(x - 2)$ ____ d) $y = x^2 - 3x + 8 - x^2 - 8$ ____

3 Gegeben ist die Funktion $y = x^2 - 2x - 3$.

a) Stelle eine Wertetabelle auf!

x							
y							

b) Zeichne den Graph der Funktion!

c) Der Graph schneidet die x-Achse in den Punkten P_1 und P_2 sowie die y-Achse im Punkt P_3.
Gib die Koordinaten dieser Punkte an!

P_1(__ ; __) P_2(__ ; __) P_3(__ ; __)

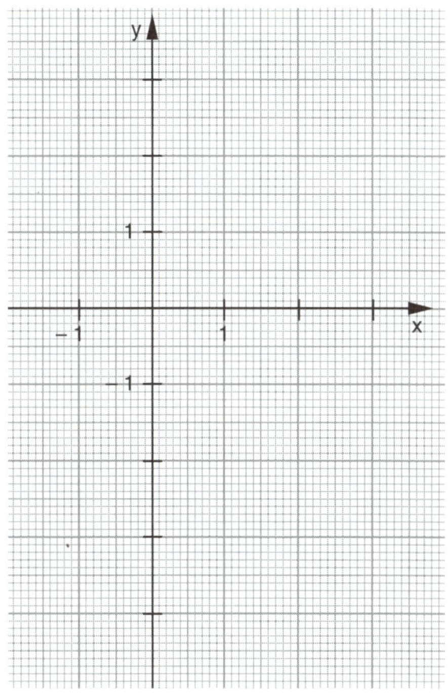

4 Gegeben sind die Funktionen

f_1: $y = x^2 - 6x + 1$; f_2: $y = 3x^2$;
f_3: $y = 2x - 4$; f_4: $y = x^3$;
f_5: $y = (x - 1)^2$; f_6: $y = x^2 + 2$.

a) Von diesen Funktionen haben folgende als Graph eine

Parabel : ____

5 Bezeichne die zu Aufgabe 1 gezeichneten Linien mit Namen!

f_1 ist ____ ; f_2 ist ____ ; f_3 ist ____

Lösungen

2. a) ja; a = 3; b = 5; c = 7
b) ja; a = 1; b = 0; c = –2
c) ja; a = 1; b = 5; c = –14
d) nein; (lineare Funktion)

5. f_1: Gerade; f_2: Hyperbel; f_3: Parabel

4. Parabeln sind f_1; f_2; f_5 f_6

3. c) $P_1(-1; 0)$; $P_2(3; 0)$; $P_3(0; -3)$

1. f_1: y = x ; f_2: $y = \frac{1}{x}$; f_3: $y = x^2$

3 b)

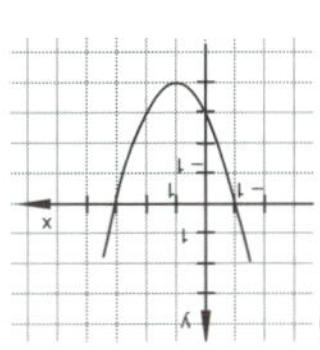

3 a)

x	–1	0	1	3
y	0	–3	–4	0

6 Rechne in Summen um!

a) $x \cdot (x - 5) =$ ______________________

b) $(x - 9) \cdot (x + 9) =$ ______________________

7

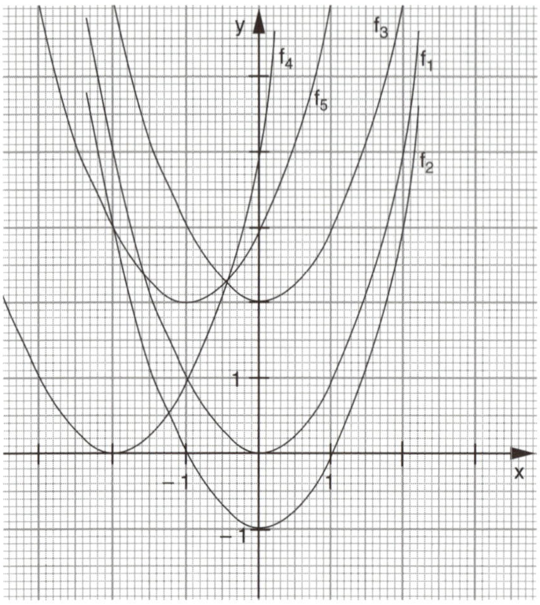

Gib die Scheitelpunkte der dargestellten Parabeln an!

f_1: (____ ; ____)

f_2: (____ ; ____)

f_3: (____ ; ____)

f_4: (____ ; ____)

f_5: (____ ; ____)

8

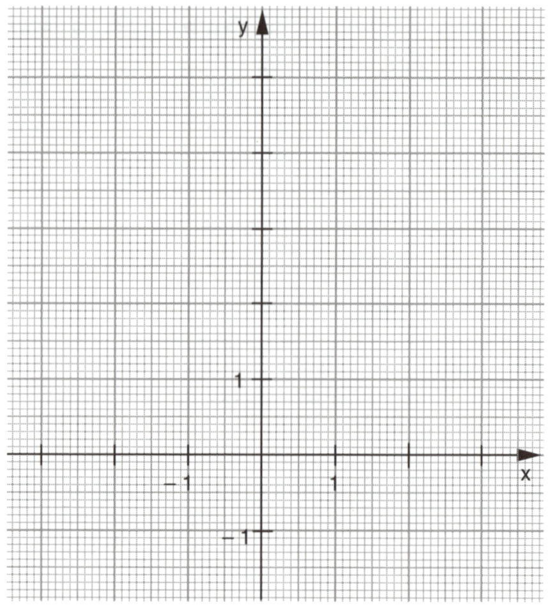

Gegeben sind die Funktionen:
f_1: $y = x^2 - 1$; f_2: $y = x^2 + 2$

a) Stelle dazu Wertetabellen auf!

x						
$x^2 - 1$						
$x^2 + 2$						

b) Zeichne die Graphen dieser Funktionen!

c) Gib die Scheitelpunkte der Parabeln an!

f_1: S (____ ; ____); f_2: S (____ ; ____)

9 In welchen Punkten schneiden die Graphen folgender Funktionen die y-Achse?

a) $y = x^2 - 4$ S(____ ; ____)

b) $y = x^2 + \frac{1}{2}$ S(____ ; ____)

c) $y = x^2 - 2x$ S(____ ; ____)

10 Gib alle Punkte an, die die Graphen der Funktionen $y = x^2$ und $y = x$ gemeinsam haben!

____

____

Lösungen

6. a) $x^2 - 5x$ b) $x^2 - 81$

7. f_1: (0; 0); f_2: (0; −1); f_3: (0; 2) f_4: (−2; 0) f_5: (−1; 2)

8. a)

x	−2	−1	0	1	2
$x^2 - 1$	3	0	−1	0	3
$x^2 + 2$	6	3	2	3	6

8. b)

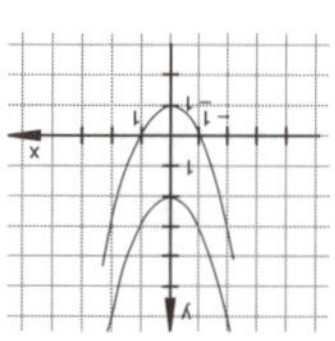

8. c) (0; −1); (0; 2)

9. a) (0; −4) b) (0; 0,5) c) (0; 0)

10. (0; 0) (1; 1)

1 Berechne! Nutze die binomischen Formeln!

a) $(a + 3)^2 =$ ______________________ b) $(x - 9)^2 =$ ______________________

c) $(m + \frac{1}{2})^2 =$ ______________________ d) $(0{,}5 - x)^2 =$ ______________________

Die Parameter d und e in der Gleichung $y = (x + d)^2 + e$ bewirken eine Verschiebung der Parabel (von $y = x^2$) in Richtung der Achsen.

Gleichung:	$y = x^2$;	$y = x^2 + e$;	$y = (x + d)^2$;	$y = (x + d)^2 + e$
Scheitelpunkt:	(0; 0);	(0; e);	(–d; 0);	(–d; e)

2 Gib zu den Funktionsgleichungen die Scheitelpunkte der Parabeln an!

a) $y = x^2 - 13$ S(_____ ; _____)

b) $y = (x + 7)^2$ S(_____ ; _____)

c) $y = (x - 3)^2 + 3$ S(_____ ; _____)

3 a) Stelle folgende Funktionen im Koordinatensystem dar!

f_1: $y = (x - 1)^2$

f_2: $y = (x + 2)^2 - 3$

b) Gib die Koordinaten des Schnittpunktes P beider Graphen an!

P (_____; _____)

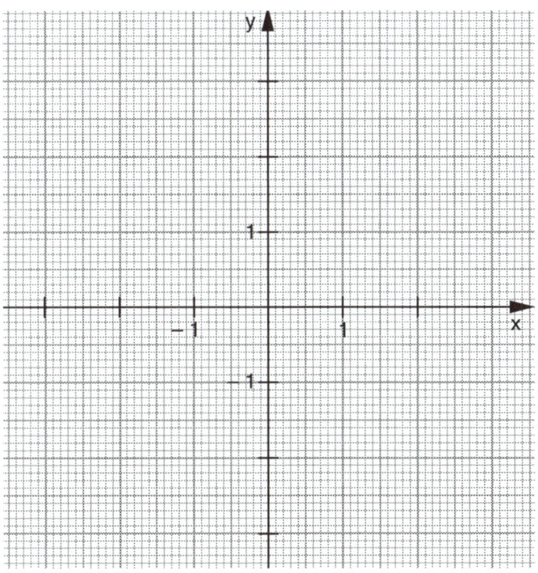

4 Die Abbildung zeigt die Graphen dreier quadratischer Funktionen. Ergänze die Angaben!

Funktion	f_1	f_2	f_3
Scheitelpunkt			
Gleichung			

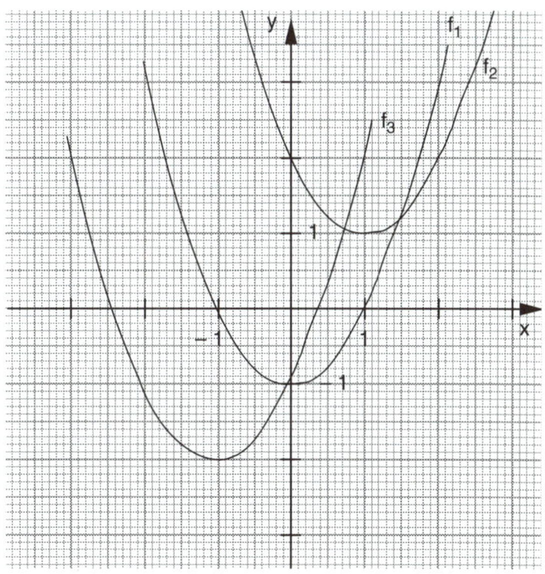

Lösungen

1. a) $a^2 + 6a + 9$ b) $x^2 - 18x + 81$
c) $m^2 + m + \frac{1}{4}$ d) $x^2 - x + 0{,}25$

2. a) (0; –13); b) (–7; 0) c) (3; 3)

3. a)

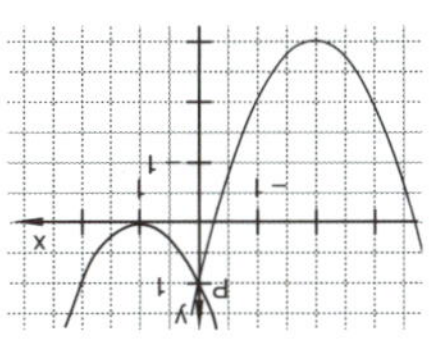

3. b) P(0; 1)

4.

	f_1	f_2	f_3
	(0; –1)	(1; 1)	(–1; –2)
	$y = x^2 - 1$	$y = (x - 1)^2 + 1$	$y = (x + 1)^2 - 2$

5 Berechne!

a) $(x + 9)^2 - 41 =$ ____________________

b) $(x - 4)^2 + 24 =$ ____________________

c) $(x + 7)^2 - (x - 3)^2 =$ ____________________

> Gleichungen der Form $y = (x + d)^2 + e$ lassen sich durch Ausmultiplizieren in die Form $y = x^2 + px + q$ umformen. Diese Form nennt man Normalform der quadratischen Funktion.
> Beispiel: $y = (x - 5)^2 - 10 = x^2 - 10x + 25 - 10 = x^2 - 10x + 15$

6 Wandle in die Normalform um!

a) $y = (x + 12)^2 =$ ____________________

b) $y = (x - 1)^2 - 1 =$ ____________________

c) $y = (x + 8)^2 + 36 =$ ____________________

7 Gib die Gleichungen der dargestellten Funktionen zunächst in der Form $y = (x + d)^2 + e$ (Scheitelpunktform) und dann in der Normalform an!

f_1: ____________________

____

____

f_2: ____________________

____

____

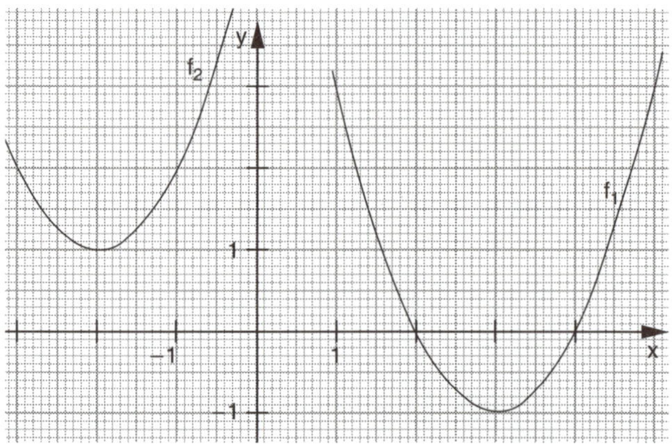

8 Die Graphen der Funktionen f_1: $y = (x + 1)^2 - 2$ und f_2: $y = -x - 1$ schneiden einander in zwei Punkten P_1 und P_2.
Gib die Koordinaten dieser Punkte an!

x			
$y = (x + 1)^2 - 2$			

x			
$y = -x - 1$			

P_1(____ ; ____); P_2(____ ; ____)

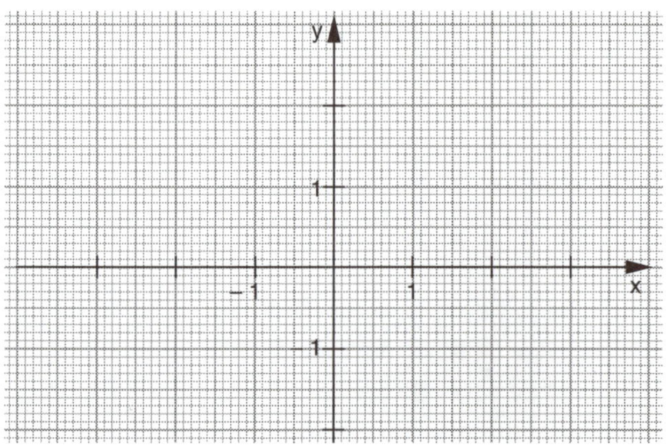

Lösungen

7. $f_1: y = (x - 3)^2 - 1 = x^2 - 6x + 8$
$f_2: y = (x + 2)^2 + 1 = x^2 + 4x + 5$

5. a) $x^2 + 18x + 40$
b) $x^2 - 8x + 40$
c) $20x + 40$

8. $P_1(0; -1)$; $P_2(-2; 0)$

6. a) $y = x^2 + 24x + 144$
b) $y = x^2 - 2x$
c) $y = x^2 + 16x + 100$

8.)

x	0	−1	−2,5
$y = (x + 1)^2 - 2$	−1	−2	0

x	0	−1	1
$y = -x - 1$	−1	0	−2

P_1 (0; −1); P_2 (−3; 2)

8.)

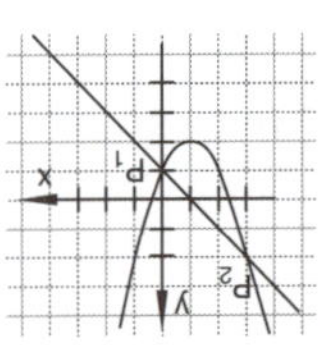

Eine in Normalform gegebene quadratische Gleichung kann man mithilfe einer Wertetabelle darstellen. Einfacher ist es, den Scheitelpunkt zu berechnen.
Eine Funktion mit der Gleichung $y = x^2 + px + q$ hat als Graph eine Normalparabel mit dem Scheitelpunkt $S\left(-\frac{p}{2};\, q - \left(\frac{p}{2}\right)^2\right)$.

1 Ergänze die Angaben!

p	q	$-\frac{p}{2}$	$\left(\frac{p}{2}\right)^2$	$q - \left(\frac{p}{2}\right)^2$
8	20			
– 6	13			
10	–19			
7	16,25			

2 Ermittle die Scheitelpunkte der Parabeln!

a) $y = x^2 - 4x + 10$; S(____ ; ____)
b) $y = x^2 + 12x + 38$; S(____ ; ____)
c) $y = x^2 + 5x + 7{,}25$; S(____ ; ____)
d) $y = x^2 - 2x - 1{,}5$; S(____ ; ____)

3 Gegeben ist Funktion $y = x^2 + 6x + 8$

a) Ermittle den Scheitelpunkt der zugehörigen Parabel!

S(____ ; ____)

b) Stelle die Funktion zeichnerisch dar!

c) Die Parabel schneidet die x-Achse in zwei Punkten P_1 und P_2.

Gib die Nullstellen der Funktion (die Abszissen dieser Punkte) an!

P_1(____ ; ____) P_2(____ ; ____)

Nullstellen: ____________

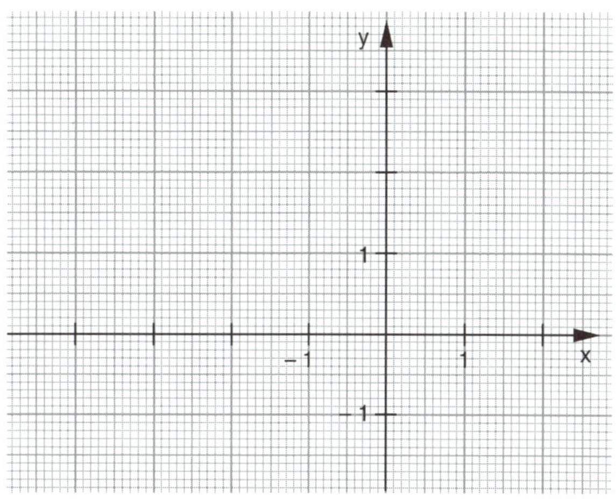

4 Gegeben sind die Funktionen f_1: $y = x^2 - 6x + 30$ und f_2: $y = x^2 - 8x + 38$.

In welchem Punkt schneiden die Graphen beider Funktionen einander?

S (____ ; ____)

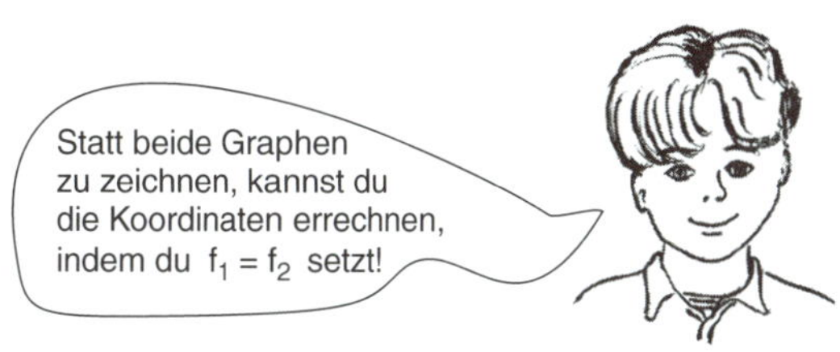

____

____

____

Lösungen

1.

p	q	$-\frac{p}{2}$	$\left(\frac{p}{2}\right)^2$	$q - \left(\frac{p}{2}\right)^2$
8	20	–4	16	4
–6	13	3	9	4
10	–19	–5	25	–44
7	16,25	–3,5	12,25	4

2. a) (2; 6) b) (6; 2)
c) (–2,5; 1) d) (1; –2,5)

3. a) (–3; –1) c) P_1 (–4; 0) P_2 (–2; 0) Nullstellen: –4 und –2

4. S (4; 22)

3.b)

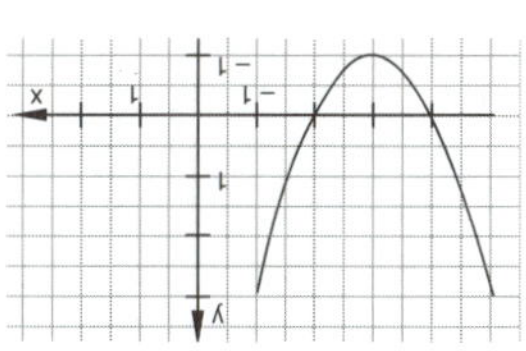

1 Ermittle alle Lösungen der folgenden Gleichungen!

a) $x^2 = 36$ ______ b) $x^2 = -36$ ______ c) $x = \sqrt{36}$ ______ d) $-x = \sqrt{36}$ ______

Einige spezielle quadratische Gleichungen lassen sich einfach lösen.

(1) $x^2 + q = 0 \quad | -q$
$x^2 = -q$
$x_{1,2} = \pm\sqrt{-q}$

(2) $x^2 + px = 0 \quad |$ Ausklammern
$x\,(x + p) = 0 \quad |$ Ein Faktor muss 0 sein.
$x_1 = 0;\ x_2 = -p$

---

2 Löse folgende quadratische Gleichungen!

a) $x^2 = 16$ ______ b) $x^2 = \frac{1}{4}$ ______ c) $x^2 = -100$ ______

d) $x^2 + 4 = 29$ ______ e) $x^2 - 1 = 0$ ______ f) $3x^2 = 27$ ______

g) $-5x^2 = -80$ ______ h) $x^2 + 9 = 5$ ______ i) $6x^2 + 10 = 34$ ______

3 Löse folgende Gleichungen!

a) $x^2 - 11x = 0$ ______ b) $x^2 + \frac{1}{2}x = 0$ ______ c) $x^2 = 12x$ ______

d) $9x - x^2 = 0$ ______ e) $2x^2 + 12x = 0$ ______ f) $7x^2 = 6x^2 + 5x$ ______

4 Gib die Lösungsmengen folgender Gleichungen an!

a) $x^2 - 121 = 0$; L = ______ b) $x^2 - 121x = 0$; L = ______

c) $x^2 + 121 = 0$; L = ______ d) $x^2 + 121x = 0$; L = ______

5 Ergänze!

a) Die Gleichung $x^2 + q = 0$ hat genau dann eine Lösung, wenn ______

b) Die Gleichung $x^2 + q = 0$ hat genau dann zwei Lösungen, wenn ______

c) Die Gleichung $x^2 + q = 0$ hat genau dann keine Lösung, wenn ______

Lösungen

4. a) $\{11; -11\}$ b) $\{0; 121\}$ 2. a) ± 4 b) $\pm\frac{1}{2}$ c) – d) ± 5 e) ± 1
c) $\{\ \}$ d) $\{0; -121\}$ f) ± 3 g) ± 4 h) – i) ± 2
1. a) 6; −6 b) n. l. 3. a) 0; 11 b) 0; $-\frac{1}{2}$ c) 0; 12 5. a) $q = 0$ b) $q < 0$ c) $q > 0$
c) 6 d) −6 d) 0; 9 e) 0; −6 f) 0; 5

1 Berechne!

a) $\sqrt{100 - 36}$ = ____________ b) $\sqrt{144 + 25}$ = ____________ c) $\sqrt{6,25 - 4}$ = ____________

2 Ergänze die fehlenden Angaben!

p	10	– 14	3	– 15	– 1	$\frac{1}{2}$	
$(\frac{p}{2})^2$							1

Die Lösungen x_1 und x_2 der quadratischen Gleichung $x^2 + px + q = 0$ lassen sich mit der Formel $x_{1,2} = -\frac{p}{2} \pm \sqrt{\left(\frac{p}{2}\right)^2 - q}$ berechnen.

3 Löse folgende Gleichungen! Führe eine Probe durch!

a) $x^2 - 10x + 21 = 0$ Probe:

b) $x^2 + 12x + 35 = 0$ Probe:

c) $x^2 - 5x + 6 = 0$ Probe:

4 Löse mithilfe der Lösungsformel folgende Gleichungen!

a) $x^2 - 1 = 0$ b) $x^2 - 11x = 0$

5 Quadratische Gleichungen können zwei Lösungen, eine Lösung oder keine Lösung haben. Setze für q eine Zahl so ein, dass die Gleichung keine Lösung hat!

$x^2 - 8x + q = 0$

Lösungen

1. a) 8 b) 13 c) 1,5

2.

p	10	−14	3	−15	1	$\frac{1}{2}$	2 und −2
$(\frac{p}{2})^2$	25	49	2,25	56,25	$\frac{1}{4}$	$\frac{1}{16}$	1

3. a) 7; 3 $49 - 70 + 21 = 0$; $9 - 30 + 21 = 0$
b) −5; −7 $25 - 60 + 35 = 0$; $49 - 84 + 35 = 0$
c) 3; 2 $9 - 15 + 6 = 0$; $4 - 10 + 6 = 0$

4. a) 1 und −1 b) 0 und 11

5. jede Zahl größer als 16

6 Löse die Gleichungen! Kontrolliere die Ergebnisse!

a) $x^2 - 4x - 21 = 0$

b) $x^2 + x - 12 = 0$

7 a) Ermittle die Lösungen der Gleichung $(x - 8) \cdot (x + 5) = 0$

b) Wie kann man die Lösungen aus der Ausgangsgleichung sofort ablesen?

8 Löse folgende Gleichungen!
Hinweis: Dividiere zunächst beide Seiten der Gleichung durch den Koeffizienten von x^2!

a) $3x^2 - 24x + 45 = 0 \quad | : 3$

b) $2x^2 - 7x - 4 = 0 \quad |$

9 Berechne die Nullstellen der Funktionen!

a) $y = x^2 - 6x + 8$

b) $y = (x + 3)^2$

10 Zeige, dass für die Lösungen x_1 und x_2 einer Gleichung $x^2 + px + q = 0$ stets $x_1 + x_2 = -p$ gilt!

Lösungen

6. a) 7; −3; $49 - 28 - 21 = 0$; $9 + 12 - 21 = 0$
b) 3; −4; $9 + 3 - 12 = 0$; $16 - 4 - 12 = 0$

7. a) 8; −5 b) aus $x - 8 = 0$ folgt $x = 8$; aus $x + 5 = 0$ folgt $x = -5$

8. a) 5; 3 b) 4; $-\frac{1}{2}$

9. a) 4 und 2 b) −3

10. $x_1 + x_2 = -\frac{p}{2} + \sqrt{D} + (-\frac{p}{2}) - \sqrt{D} = 2 \cdot (-\frac{p}{2}) = -p$

Zwischen den Lösungen („Wurzeln") x_1 und x_2 und den Koeffizienten p und q der quadratischen Gleichung $x^2 + px + q = 0$ besteht folgender Zusammenhang: $x_1 \cdot x_2 = q$ und $x_1 + x_2 = -p$.

1 Entscheide, ob die angegebenen Lösungen richtig sind! Begründe!

a) $x^2 - 3x - 40 = 0$

$x_1 = 8;\ x_2 = -5$ ja/nein

$x_1 \cdot x_2 =$ ______ ; $x_1 + x_2 =$ ______

b) $x^2 + 7x + 10 = 0$

$x_1 = -5;\ x_2 = -2$ ja/nein

______

c) $x^2 + 8x + 12 = 0$

$x_1 = 6;\ x_2 = 2$ ja/nein

______

d) $x^2 - 2x - 48 = 0$

$x_1 = -8; x_2 = 6$ ja/nein

______

2 Stelle Gleichungen $x^2 + px + q = 0$ auf, die folgende Lösungen haben!

a) $x_1 = -6;\quad x_2 = -7$ ______

b) $x_1 = 5;\quad x_2 = -6$ ______

c) $x_1 = -4;\quad x_2 = 9$ ______

d) $x_1 = x_2 = 3$ ______

3 Versuche, die Gleichungen ohne schriftliche Rechnung zu lösen!

a) $x^2 - 13x + 36 = 0$ ______

b) $x^2 + 20x + 36 = 0$ ______

c) $x^2 - 37x + 36 = 0$ ______

d) $x^2 + 5x - 36 = 0$ ______

4 Ermittle alle Zahlen, für die gilt: Das Doppelte der Zahl ist genau so groß wie das Quadrat der Zahl!

______

5 Zwei natürliche Zahlen unterscheiden sich um 2. Ihr Produkt ist 168. Ermittle diese Zahlen!

______

Lösungen

3. a) 9; 4 b) −18; −2
   c) 1; 36 d) 4; −9
4. 0 und 2
5. $x(x + 2) = 168$; Die Zahlen sind 12 und 14.
2. a) $x^2 + 13x + 42 = 0$ b) $x^2 + x - 30 = 0$ c) $x^2 - 5x - 36 = 0$ d) $x^2 - 6x + 9 = 0$

1. a) ja; $8 \cdot (-5) = -40 = q$; $8 + (-5) = 3 = -p$
   b) ja; $(-5) \cdot (-2) = 10 = q$; $(-5) + (-2) = -7 = -p$
   c) nein; $6 + 2 = 8 \neq -p$
   d) nein; $-8 + 6 = -2 = p \neq -p$

1 Die Seitenlängen eines Rechtecks mit dem Flächeninhalt 660 cm^2 unterscheiden sich um 8 cm. Wie lang sind diese Seiten?

2 Die Anzahl z der Diagonalen eines n-Ecks lässt sich mit der Formel $z = \frac{n \cdot (n-3)}{2}$ berechnen.

a) Wie viele Diagonalen hat ein Zehneck?

b) Wie viele Ecken hat ein n-Eck, das 230 Diagonalen hat?

3 Berechne die Seitenlängen des abgebildeten rechtwinkligen Dreiecks mit Hilfe der Formel $a^2 + b^2 = c^2$! (Angaben in Zentimeter)

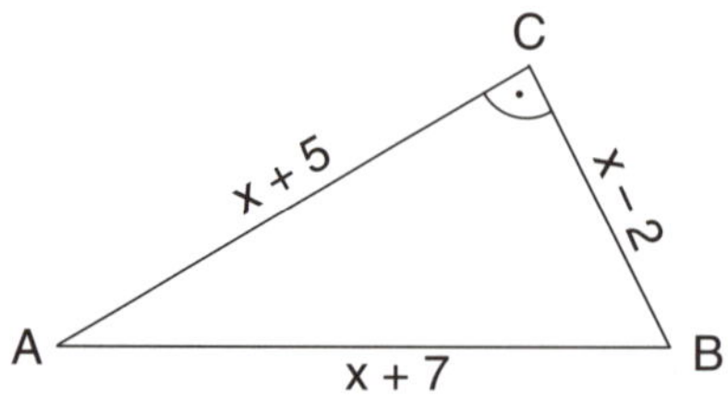

4 Bei einem Volleyballturnier spielt jede der teilnehmenden Mannschaften genau einmal gegen jede andere Mannschaft. Insgesamt werden 45 Spiele ausgetragen. Wie viele Mannschaften nehmen teil?

Lösungen

1. Seitenlängen: 22 cm und 30 cm
$x^2 + 8x - 660 = 0$

2. a) 35 b) 23 aus $n^2 - 3n - 460 = 0$

3. Seitenlängen: 8 cm; 15 cm und 17 cm
$(x + 5)^2 + (x - 2)^2 = (x + 7)^2$

4. 10 Mannschaften; aus $\frac{n(n-1)}{2} = 45$ folgt $n^2 - n - 90 = 0$ und $n = 10$

1 Gib die Lösungsmengen der folgenden Gleichungen an!

a) $x^2 + 10x - 39 = 0$

b) $x^2 - 10x + 39 = 0$

2 Gegeben sind die Funktionen

f_1: $y = x^2 - 2x + 3$; f_2: $y = 2x - 1$

a) Gib den Scheitelpunkt des Graphen von f_1 an!

b) Berechne die Nullstelle von f_1!

c) Zeichne die Graphen der beiden Funktionen!

d) Wie viele Punkte haben beide Graphen gemeinsam? Gib sie an!

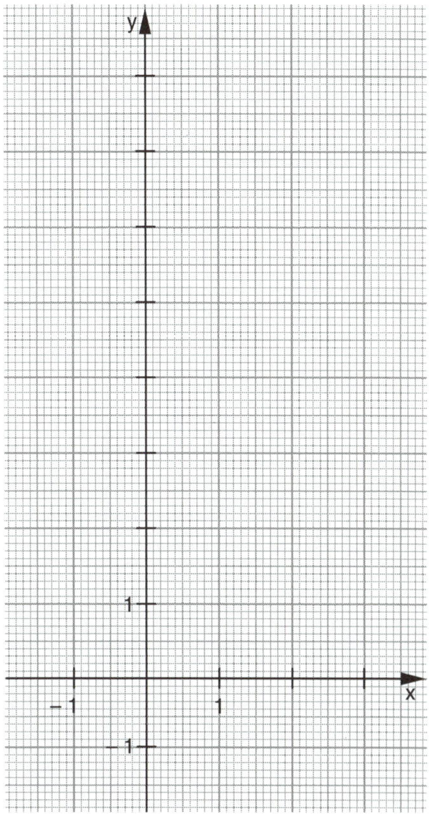

3 Einige der folgenden Gleichungen geben die gleiche Funktion an! Nenne diese Paare!

f_1: $y = (x - 5)^2 + 1$; f_2: $y = x^2 + 2x + 26$

f_3: $y = (x + 6)^2 - 10$ f_4: $y = x^2 + 12x + 26$

f_5: $y = (x + 1)^2 + 25$ f_6: $y = x^2 - 8x + 26$

f_7: $y = (x - 4)^2 + 10$ f_8: $y = x^2 - 10x + 26$

4 Die quadratische Gleichung $y = x^2 - 8x + q$ soll zwei natürliche Zahlen als Lösungen (Wurzeln) haben. Gib alle Zahlen q an, die diese Bedingung erfüllen und schreibe jeweils dazu beide Lösungen auf!

5 Gegeben sind vier quadratische Gleichungen:

I. $x^2 + 7x - 18 = 0$

II. $x^2 - 11x + 28 = 0$

III. $(x - 2)^2 - 9 = 0$

IV. $x^2 - x - 56 = 0$

und vier dazu gehörige Lösungen.

a) 5 und –1 b) –9 und 2 c) 8 und –7 d) 4 und 7

Ordne Gleichungen und Lösungen richtig einander zu!

Lösungen

1. a) $L = \{3; -13\}$ b) { }
2. a) (1; 2) b) keine
   c) ein gemeinsamer Punkt S (2; 3) (Tangente!)

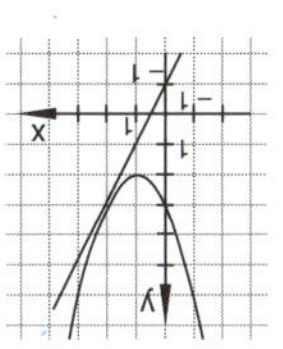

3. $f_1 = f_8$; $f_3 = f_4$; $f_5 = f_2$; $f_7 = f_6$
4. für q = 0: 0 und 8;
   für q = 7: 1 und 7;
   für q = 12: 2 und 6;
   für q = 15: 3 und 5
5. Es gehören zusammen:
   I und b); II und d);
   III und a); IV und c)

6 Gegeben ist die Gleichung einer Funktion:

$y = (x - 3)^2 - 2$

a) Gib den Scheitelpunkt der zugehörigen Parabel an!
S (______ ; ______)

b) Rechne in die Normalform um!

____

c) Stelle die Funktion zeichnerisch dar!

d) Berechne ihre Nullstellen!

(Gib sie auf eine Dezimalstelle genau an!)

____

____

____

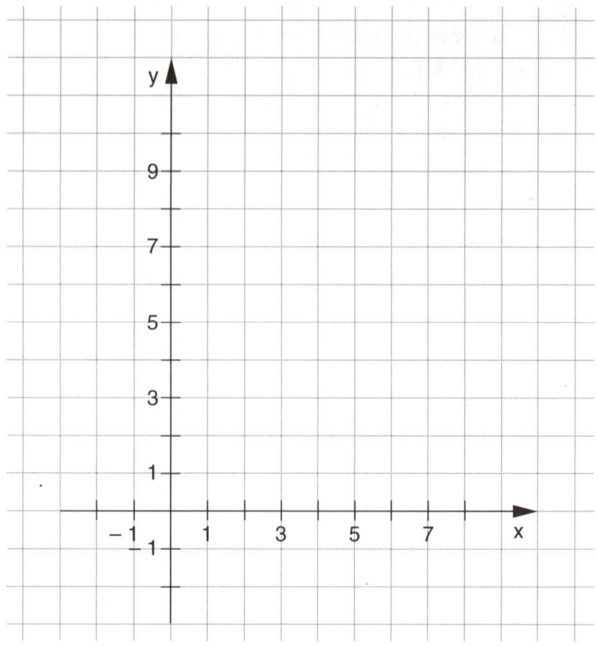

7 Löse folgende quadratische Gleichung:

$(x - 9)^2 + x^2 + 2x - (x + 1)^2 = 0$

____

____

____

____

8 Die Seiten zweier Quadrate unterscheiden sich um 4 cm. Die Flächeninhalte unterscheiden sich um 160 cm^2.
Um wie viel Zentimeter unterscheiden sich die Umfänge?

____

____

9 In einem rechtwinkligen Dreieck ist die längere Kathete um 5 cm länger als die kürzere Kathete und um 5 cm kürzer als die Hypotenuse.
Wie lang sind die Seiten?

____

____

____

Lösungen

6. a) S (3; −2) b) $y = x^2 - 6x + 7$ 6 c)
d) $3 + \sqrt{2} \approx 4{,}4$; $3 - \sqrt{2} \approx 1{,}6$

8. Aus $s_1 - s_2 = 4$ cm folgt sofort $u_1 - u_2 = 16$ cm.
Die (unnötige) Berechnung der Seitenlängen führt auf 18 cm und 22 cm.

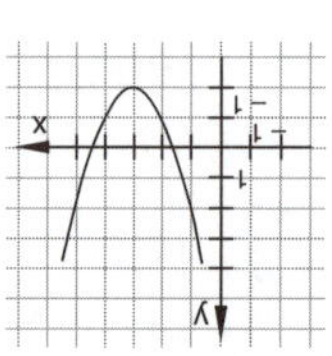

7. Normalform: $x^2 - 18x + 80 = 0$; $x_1 = 10$; $x_2 = 8$

9. $x^2 + (x + 5)^2 = (x + 10)^2$, also
$x^2 + x^2 + 10x + 25 = x^2 + 20x + 100$, woraus folgt
$x^2 - 10x - 75 = 0$; und daraus x = 15.
Die Seiten sind 15 cm; 20 cm und 25 cm lang.

1 Paul beobachtet seinen Schatten an der Wand. Erst läuft er näher zur Lampe, dann näher an die Wand. Wie verändert sich Pauls Schatten?
Fülle die Lückentexte passend zur Zeichnung aus!
Mit einer Taschenlampe kannst du die Aussagen überprüfen.

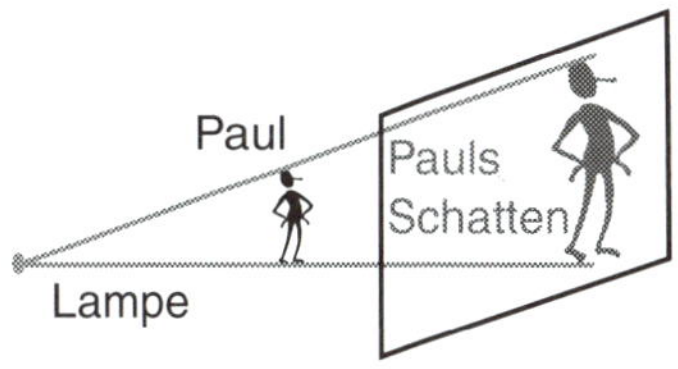

a) Je weiter der Abstand von Paul bis zur Wand ist, desto __________ ist Pauls Schatten.

b) Je näher Paul der Wand kommt, desto ______________________________.

c) Wenn es von der Lampe bis zur Wand doppelt so weit ist wie von der Lampe bis zu Paul, dann ist Pauls Schatten ______________________________.

d) Von der Lampe bis zu Paul sind es 2 m, bis zur Wand sind es 8 m. Pauls Schatten ist 7 m hoch. Paul ist __________ m hoch.

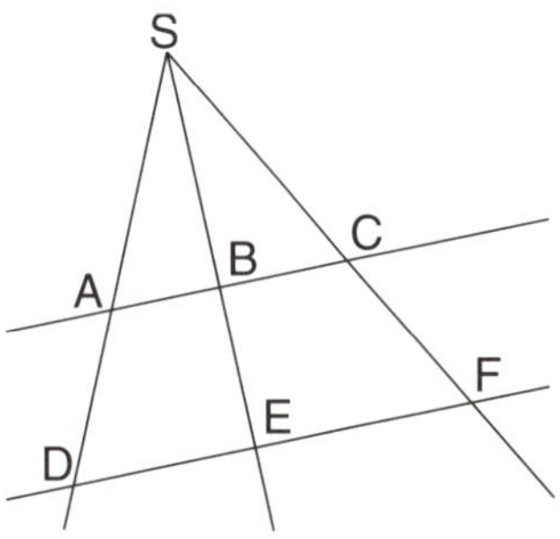

Wenn zueinander parallele Geraden ein Strahlenbüschel schneiden, gilt:

1. Abschnitte auf einem Strahl verhalten sich zueinander wie *entsprechende* Abschnitte auf dem anderen Strahl:
   $\overline{SA} : \overline{SD} = \overline{SB} : \overline{SE}$, $\overline{SA} : \overline{AD} = \overline{SC} : \overline{CF}$
2. Parallelenabschnitte zwischen zwei gleichen Strahlen verhalten sich zueinander wie die *zugehörigen* Strahlenabschnitte:
   $\overline{BC} : \overline{EF} = \overline{SB} : \overline{SE} = \overline{SC} : \overline{SF}$
3. Abschnitte auf der einen Parallelen verhalten sich zueinander wie *entsprechende* Abschnitte auf der anderen Parallelen:
   $\overline{AB} : \overline{AC} = \overline{DE} : \overline{DF} = \overline{BC} : \overline{EF}$

2 Kreuze an, welche der folgenden Gleichungen nach den Strahlensätzen gelten!

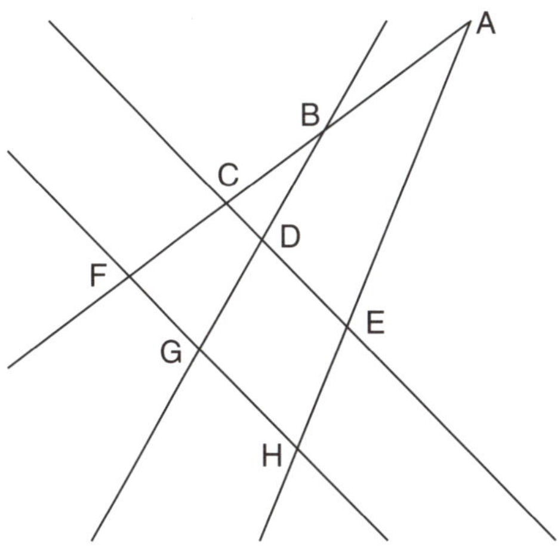

$\overline{AC} : \overline{CE} = \overline{AF} : \overline{FH}$	☐	$\overline{AC} : \overline{CD} = \overline{AF} : \overline{FG}$	☐
$\overline{AC} : \overline{AF} = \overline{CE} : \overline{FH}$	☐	$\overline{AE} : \overline{AH} = \overline{AC} : \overline{AF}$	☐
$\overline{AE} : \overline{BD} = \overline{AH} : \overline{BG}$	☐	$\overline{BD} : \overline{DC} = \overline{BG} : \overline{GH}$	☐
$\overline{CD} : \overline{CE} = \overline{FG} : \overline{FH}$	☐	$\overline{AE} : \overline{ED} = \overline{AH} : \overline{HG}$	☐
$\overline{BD} : \overline{BC} = \overline{BG} : \overline{BF}$	☐	$\overline{AE} : \overline{EH} = \overline{AC} : \overline{CF}$	☐

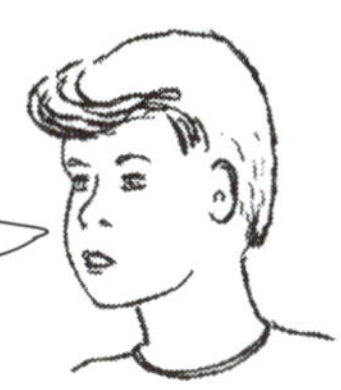

3 Wenn in Aufgabe 2 die Strecke $\overline{BG}$ doppelt so lang ist, wie die Strecke $\overline{BD}$, dann

ist die Strecke $\overline{BF}$ ______________________________

und die Strecke $\overline{CD}$ ______________________________

Lösungen

3. Wenn $\overline{BG}$ doppelt so lang ist wie $\overline{BD}$, dann ist $\overline{BF}$ *doppelt so lang wie* $\overline{BC}$.
Wenn $\overline{BG}$ doppelt so lang ist wie $\overline{BD}$, dann ist $\overline{CD}$ *halb so lang wie* $\overline{FG}$.
1. a) größer b) kleiner wird sein Schatten
c) doppelt so groß wie Paul d) Paul ist 1,75 m groß
2. In der linken Spalte gelten die erste, die zweite und die fünfte, in der rechten Spalte die zweite und die fünfte Gleichung.

1 Die Lampe erzeugt vom farbigen Dreieck an einer Wand ein paralleles „Schattendreieck", von dem hier nur ein Teil zu sehen ist.

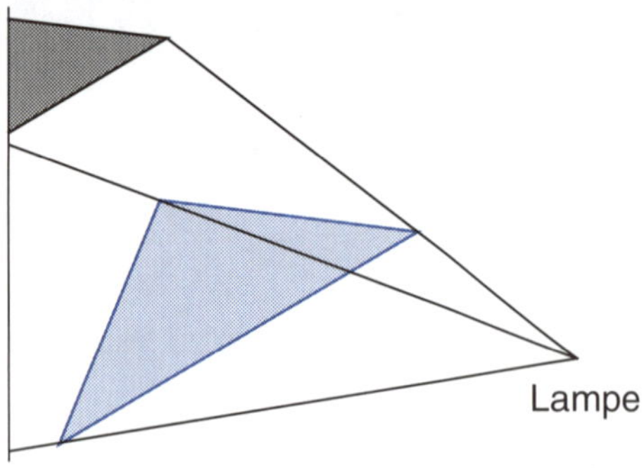

a) Wie lang sind die Seiten des Schattendreiecks?

b) Wie weit ist es von der Lampe zu jedem Eckpunkt des Schattendreiecks? Miss und rechne!

2 Eine Lochkamera hat als „Objektiv" ein kleines kreisförmiges Loch mit einem Durchmesser von weniger als 1 mm. Auf dem Transparentpapierschirm ist das Bild zu sehen.

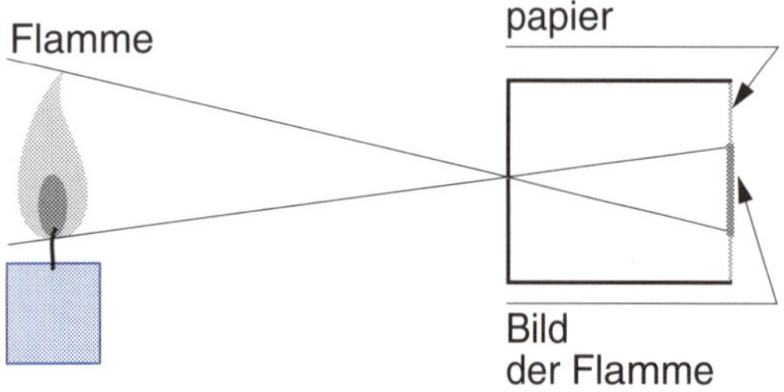

a) Beschreibe das Bild der Kerzenflamme!

b) Wovon hängt die Größe des Bildes der Flamme ab?

c) Die Kerzenflamme ist in Wirklichkeit 6 cm hoch. Wann ist das Bild der Flamme 2 cm hoch?

d) Baue aus einer Schachtel oder einer Pappröhre eine Lochkamera! Beklebe die Objektivseite mit schwarzem Tonpapier und die Schirmseite mit Transparentpapier! Der „Bildschirm" sollte ein wenig abgedunkelt werden. Prüfe damit deine Antworten zu a), b) und c)!

3 Man kann den Vollmond mit einem kreisförmigen Gegenstand, den man mit ausgestrecktem Arm hält, genau verdecken. (Der Abstand Auge – Hand beträgt etwa 50 cm.)

a) Schätze, mit welchem der Gegenstände das gut möglich ist, also welcher Gegenstand den Mond gerade so verdeckt!

b) Berechne den Durchmesser des geeignetsten Gegenstandes, wenn die Entfernung Erde – Mond 380 000 km beträgt und der Mond einen Durchmesser von 3 500 km hat.

Gegenstand	Durchmesser
Teller	25 cm
Untertasse	14 cm
Fußball	22 cm
Tischtennisball	50 mm
2-Euro-Münze	26 mm
1-Cent-Münze	16 mm

Lösungen

3. b) Ein geeigneter Gegenstand hat einen Durchmesser von ungefähr 5 mm.

1. a) Die Seiten des Schattendreiecks sind 6,25 cm, 6,25 cm und 10 cm lang. (2,5-mal so lang wie die Seiten des Dreiecks)
b) Von der Lampe zu den Punkten des Schattendreiecks ist es 2,5-mal so weit wie von der Lampe bis zu den Originalpunkten.

2. a) Die Kerzenflamme steht auf dem Kopf. b) Länge der Lochkamera; Abstand der Kerze
c) Das Bild der Flamme ist 2 cm hoch, wenn die Entfernung der Flamme vom „Objektiv" dreimal so groß ist, wie die Länge der Lochkamera.

1 Zeichne Parallelen zur Strecke $\overline{BC}$ durch die Punkte P_1, P_2, P_3 und P_4! Sie schneiden die Gerade AB in den Punkten T_1, T_2, T_3 und T_4. Vervollständige dann zu wahren Aussagen!

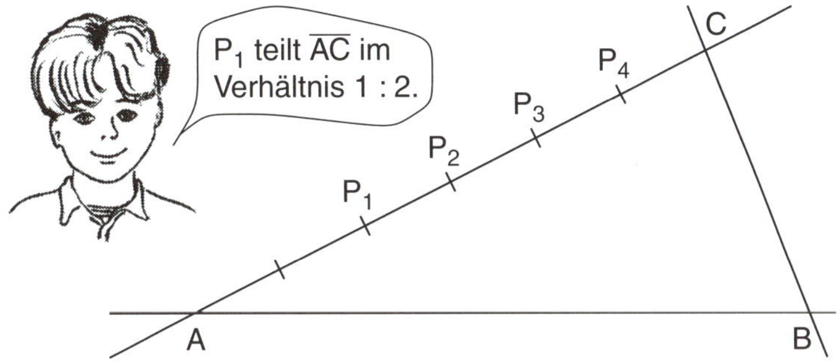

T_1 teilt $\overline{AB}$. Es gilt: $\overline{AT_1} = \frac{\quad}{\quad} \cdot \overline{AB}$

T_2 teilt $\overline{AB}$. Es gilt: $\overline{AT_2} = \frac{\quad}{\quad} \cdot \overline{AB}$

T_3 teilt $\overline{AB}$. Es gilt: $\overline{AT_3} = \frac{\quad}{\quad} \cdot \overline{AB}$

T_4 teilt $\overline{AB}$. Es gilt: $\overline{AT_4} = \frac{\quad}{\quad} \cdot \overline{AB}$

Ergänze die Gleichungen passend zur Zeichnung:

$\overline{AP_1} : \overline{P_1T_1} = \overline{AC} : \_\_\_\_$ $\quad \overline{AP_1} : \overline{AT_1} = \overline{AC} : \_\_\_\_$ $\quad \overline{AP_1} : \overline{AP_2} = \overline{AT_1} : \_\_\_\_$ $\quad \overline{AP_4} : \overline{P_4T_4} = \_\_\_\_ : \overline{P_4T_4}$

$\overline{AP_2} : \_\_\_\_ = \overline{AC} : \overline{CB}$ $\quad \overline{AT_3} : \overline{AP_3} = \_\_\_\_ : \overline{AP_4}$ $\quad \overline{AP_1} : \_\_\_\_ = \overline{AT_3} : \overline{AB}$ $\quad \_\_\_\_ : \overline{P_2T_2} = \overline{AC} : \overline{CB}$

2 Konstruiere Punkte, die die Strecken im angegebenen Verhältnis teilen!

K teilt $\overline{AB}$ im Verhältnis 3 : 2 L teilt $\overline{CD}$ im Verhältnis 1 : 7 M teilt $\overline{EF}$ im Verhältnis 3 : 4

3

Die Seiten des Rechtecks ABCD werden durch Parallelen zu $\overline{AB}$ und $\overline{BC}$ geteilt. $\overline{AB}$ wird im Verhältnis 2 : 3 und $\overline{BC}$ wird im Verhältnis 1 : 3 geteilt.

a) Konstruiere die Teilung des Rechtecks!

b) Schreibe in jedes der vier kleinen Rechtecke, wie viel Prozent der Fläche des großen Recktecks es besitzt!

4 In welchem Verhältnis wird die Strecke $\overline{AB}$ geteilt? Teile mit dieser Konstruktion $\overline{CD}$ im Verhältnis 3 : 2!

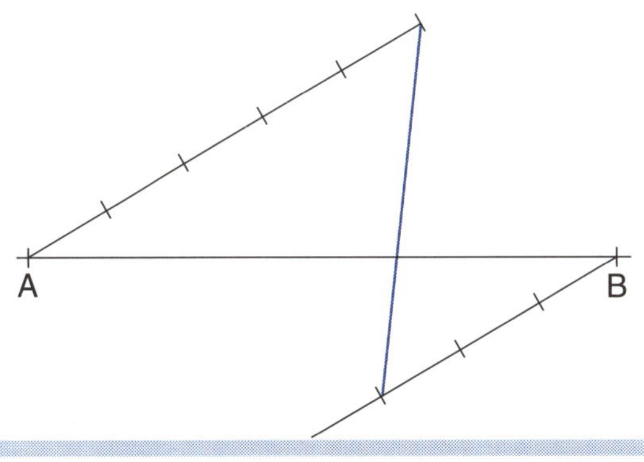

Lösungen

3. b) Die Flächen der Teilrechtecke betragen 15%, 10%, 45% und 30% der Fläche des Ausgangsrechtecks.

1. Die Punkte T_1, T_2, T_3 und T_4 teilen $\overline{AB}$ im Verhältnis 1 : 2, 1 : 1, 2 : 1 und 5 : 1.
Entsprechend gilt $\overline{AT_1} = \frac{1}{3}\overline{AB}$, $\overline{AT_2} = \frac{1}{2}\overline{AB}$, $\overline{AT_3} = \frac{2}{3}\overline{AB}$ und $\overline{AT_4} = \frac{5}{6}\overline{AB}$
von links nach rechts: $\overline{BC}$, $\overline{AB}$, $\overline{AT_2}$, $\overline{AP_4}$, $\overline{P_2T_2}$, $\overline{AT_4}$, $\overline{AP_2}$, $\overline{AP_2}$

4. Die Strecke $\overline{AB}$ wird im Verhältnis 5 : 3 geteilt.

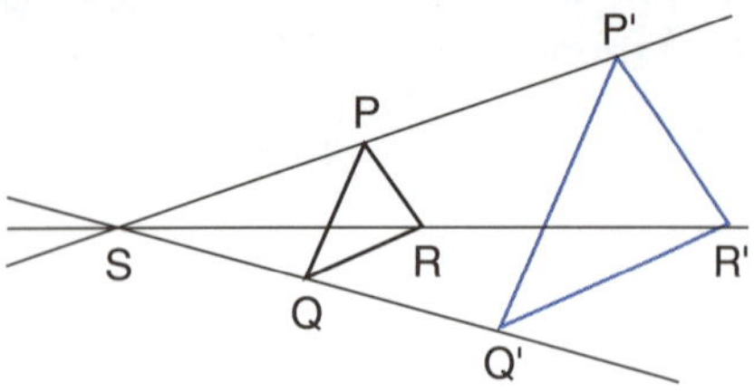

Eine zentrische Streckung Z(S;k) mit dem Streckungszentrum S und dem Streckungsfaktor k (k > 0) ist eine Abbildung der Ebene auf sich, die jedem Originalpunkt P einen Bildpunkt P' folgendermaßen zuordnet:

(1) P' liegt auf dem Strahl mit Anfangspunkt S durch P und

(2) es gilt $\overline{SP'} = k \cdot \overline{SP}$.

1 Zeichne das Bild des Achtecks bei der Streckung mit S und dem Streckungsfaktor k = 2!

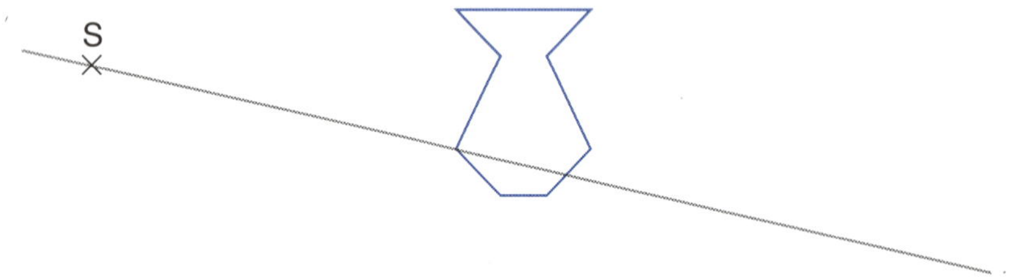

2 Gegeben sind zwei zur farbigen Figur gehörige Bilder, die jeweils durch eine zentrische Streckung entstanden sind. Bestimme die Streckungszentren und die Streckungsfaktoren!

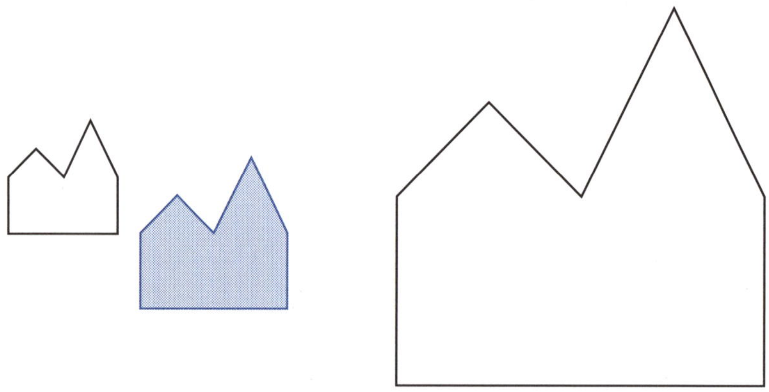

3 Beschreibe in jedes der Dreiecke das größtmögliche Quadrat ein! Auf einer Dreiecksseite soll eine Seite des Quadrates liegen, auf den beiden anderen Dreiecksseiten jeweils ein Eckpunkt.

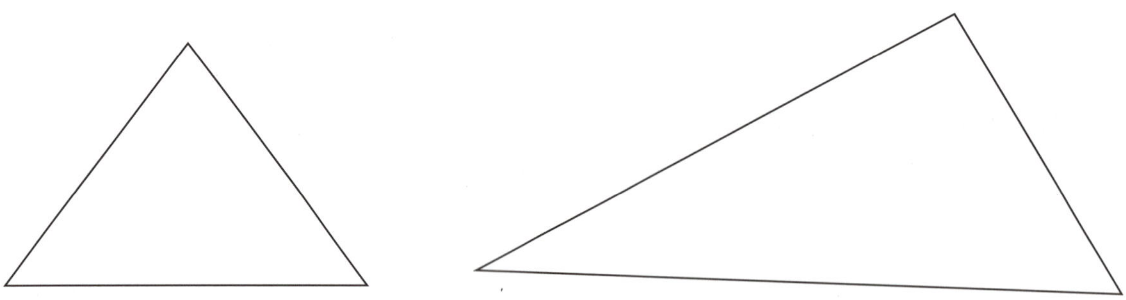

Lösungen

3. Man kann das Dreieck einbeschreiben, indem erst ein beliebiges Hilfsquadrat gezeichnet wird, dessen eine Seite auf der Dreiecksseite liegt und dessen eine Ecke auf einer der beiden anderen Dreiecksseiten liegt. Damit auch auf der dritten Dreiecksseite eine Ecke des Quadrates liegt, wird das Hilfsquadrat zentrisch gestreckt. Streckungszentrum ist dabei eine Ecke des Dreiecks.
Zu jedem Dreieck gibt es im allgemeinen drei verschieden große Quadrate, die einbeschrieben werden können.

2. Die Streckungsfaktoren betragen k = 0,75 und k = 2,5.

1 Links ist die Vorlage zum Herstellen eines Legespiels aus einem alten chinesischen Buch abgebildet. Das Spiel soll im Verhältnis 2 : 1 und ein Anschauungsmodell im Verhältnis 5 : 1 hergestellt werden.

a) Trage die Maße der Teile in die Tabelle ein!

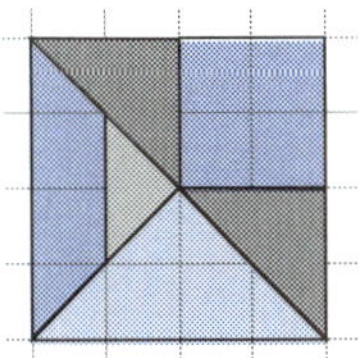

		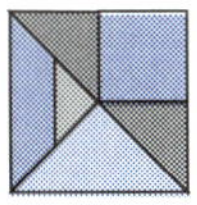			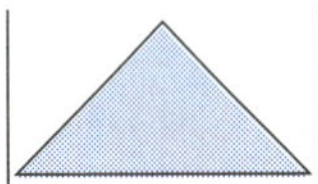	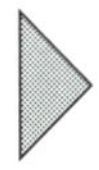	
Vorlage	Länge der Seiten						
	Umfang						
	Flächeninhalt						
Figur 2 : 1	Länge der Seiten						
	Umfang						
	Flächeninhalt						
Figur 5 : 1	Länge der Seiten						
	Umfang						
	Flächeninhalt						

b) In welchem Verhältnis steht jeweils der Umfang der vergrößerten Figur zum Umfang der Ausgangsfigur?

c) In welchem Verhältnis stehen jeweils die Flächeninhalte von vergrößerter Figur und Ausgangsfigur?

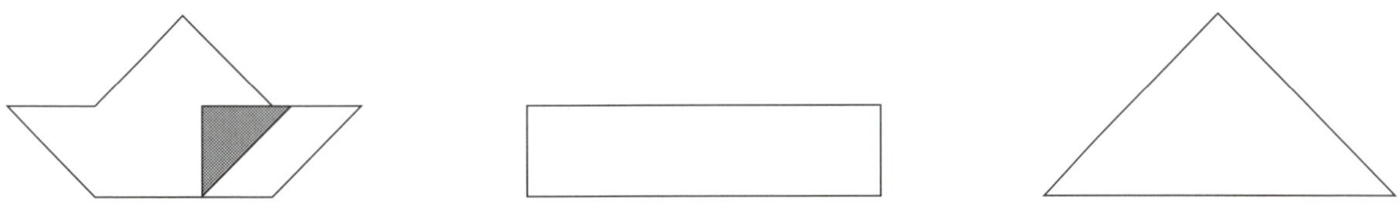

Mit dem Legespiel kannst du neue Figuren legen. Finde Lösungen für die drei obigen Figuren! Gibt es mehrere Lösungen?

2 Auf verschiedenen Abbildungen werden Strecken maßstäblich dargestellt. Ergänze in der Tabelle!

Bildstrecke	2 cm	5 cm	13 cm	26 cm	26 cm			20 cm
Originalstrecke	200 cm	50 km	13 km			70 m	700 m	2 mm
Maßstab				1 : 2000	1 : 500	1 : 87	1 : 10000	

3 Eine Strecke $\overline{AB}$ wird erst um 50 % vergrößert. Das Bild wird anschließend wieder um 50 % verkleinert. In welchem Maßstab wird die Strecke $\overline{AB}$ damit insgesamt abgebildet?

Lösungen

2. Die fehlenden Angaben sind (von links nach rechts) 1 : 100, 1 : 1 000 000; 1 : 100 000; 520 m; 130 m; ca. 80,5 cm; 7 cm, 100 : 1
1. b) Die Umfänge der vergrößerten Figur sind das Fünffache bzw. das Doppelte des Umfangs der Ausgangsfigur.
c) Die Flächeninhalte der vergrößerten Figuren betragen das 25fache bzw. das Vierfache der Fläche der Ausgangsfigur.
3. Insgesamt ist das Bild dann 75% der Originalstrecke lang. Die Abbildung erfolgt also im Maßstab 3 : 4.

1 Markiere in den regelmäßigen Fünfecken Dreiecke, die jeweils zum gegebenen Dreieck ähnlich sind!

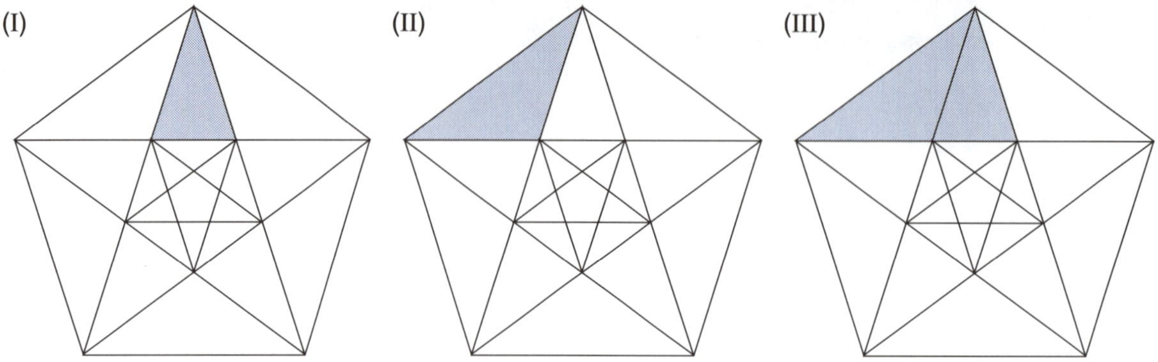

Was stellst du beim Dreieck in der dritten Figur fest?

2 a) Konstruiere rechts vom Drachenviereck eine ähnliche Figur mit doppelt so langen Seiten!

b) Konstruiere links vom vorgegebenen Drachenviereck ein zweites Drachenviereck, dessen Seiten jeweils doppelt so lang sind und das dennoch zum ersten Drachenviereck *nicht ähnlich* ist!

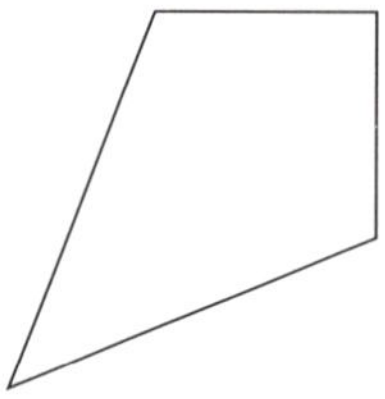

3 In den Dreiecken werden die Mittelpunkte der Seiten markiert. Finde zueinander ähnliche Dreiecke! Untersuche diese beiden und noch andere Dreiecke! Begründe!

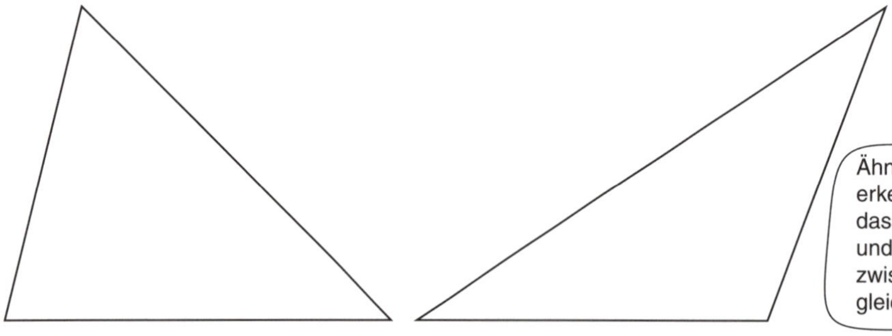

Lösungen

3. Verbindet man die Seitenmittelpunkte miteinander, entstehen 4 kongruente Dreiecke, die zum Ausgangsdreieck ähnlich sind (natürlich auch untereinander, denn Kongruenz ist ein Spezialfall der Ähnlichkeit). Begründen lässt sich dies mithilfe der Strahlensätze.

1. Figur I und II: Es gibt insgesamt drei verschiedene Arten von jeweils zueinander ähnlichen Dreiecken. Das markierte Dreieck ist das jeweils Mittelgroße. Figur III: Es gibt nur eine andere Art von zum markierten Dreieck ähnlichen Dreiecken. Das markierte Dreieck in III ist genau so groß, wie die markierten Dreiecke in I und II.

Zwei Dreiecke sind zueinander ähnlich, wenn sie in zwei (und damit in drei) Innenwinkeln übereinstimmen.

1 a) Überprüfe die folgende Aussage und begründe sie:
In jedem rechtwinkligen Dreieck zerlegt die Höhe auf der längsten Seite das Dreieck in zwei zueinander und zum großen Dreieck ähnliche Teildreiecke!

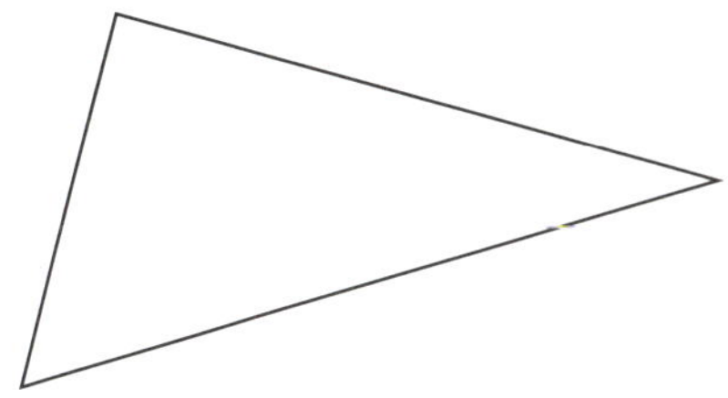

b) Gilt die Aussage auch für Dreiecke, die nicht rechtwinklig sind?

2 Beginne an einem beliebigen Punkt und zeichne immer parallel zu den Dreiecksseiten!
Probiere es bei verschiedenen Dreiecken aus! Markiere jeweils zueinander ähnliche Dreiecke!

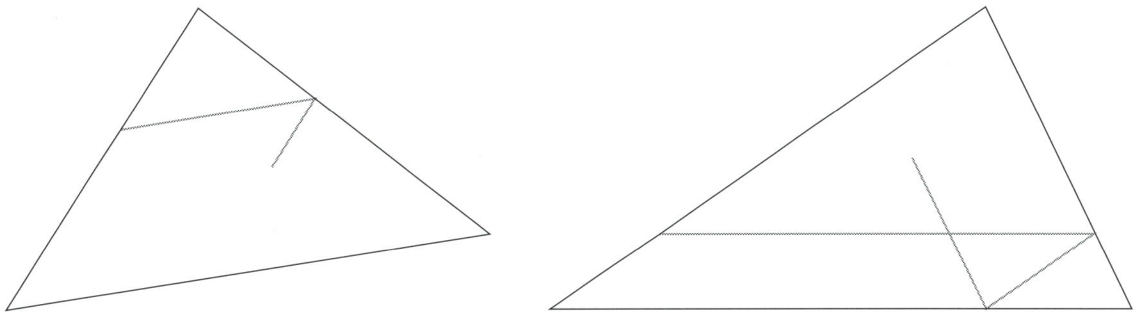

3 ABCD ist ein Trapez und S ist der Schnittpunkt seiner Diagonalen. Finde zueinander ähnliche Dreiecke und begründe deren Ähnlichkeit!

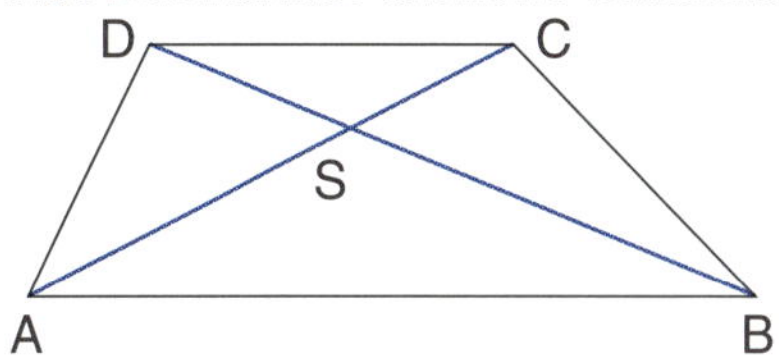

4 Beweise, dass die Dreiecke ASD und BCS zueinander ähnlich sind!

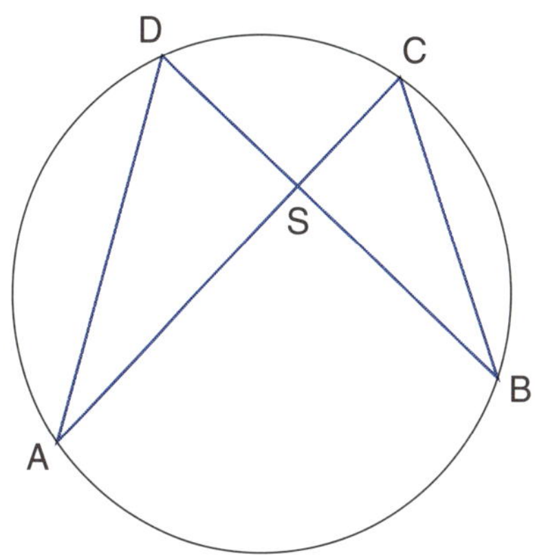

Lösungen

3. ∆ ASB ~ ∆ CDS. Sie stimmen in mindestens zwei Winkeln überein:
Winkel ASB = Winkel CSD (Scheitelwinkel); Winkel ABS = Winkel CDS (Stufenwinkel an geschnittenen Parallelen).

1. a) Die Aussage gilt nach dem Hauptähnlichkeitssatz für Dreiecke: Die entstandenen Teildreiecke besitzen einen rechten Winkel, das Ausgangsdreieck laut Voraussetzung auch. Außerdem hat jedes Teildreieck mit dem Ausgangsdreieck einen spitzen Winkel gemeinsam.
b) nein

4. Winkel DSA = Winkel CSB (Scheitelwinkel); Winkel ADB = Winkel ACB (Peripheriewinkel über dem gleichen Bogen $\overset{\frown}{AB}$)

1 Die Kanten eines Quaders sind 2 cm, 5 cm und 7 cm lang. Die Kanten eines zweiten Quaders sind jeweils dreimal so lang. In welchem Verhältnis stehen die Oberflächen und die Volumina von großem und kleinem Quader zueinander?

2 Ein Stab von 175 cm Höhe hat einen 150 cm langen Schatten. Daneben steht ein Mast, dessen Schatten zur gleichen Zeit 6 m lang ist. Wie hoch ist der Mast?

3 Bestimme die Breite der Gewässer an den markierten Stellen!

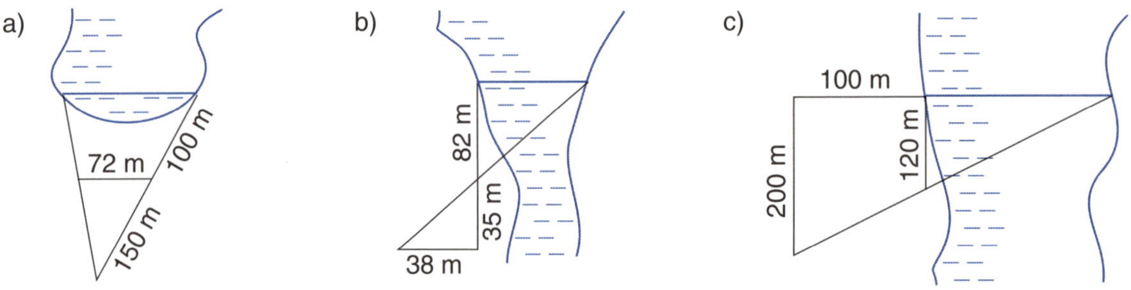

4 Modelleisenbahnen gibt es unter anderem in den Maßstäben 1: 87 (HO), 1: 120 (TT) und 1: 160 (N).
Die Schnellzugdampflok der Baureihe 02 (v_{max} = 200 km · h^{-1}) ist 25,14 m lang und 455 cm hoch.
Die Treibräder dieser Lok haben einen Durchmesser von 2300 mm.
Wie groß ist die Lok, und wie groß sind ihre Treibräder als Modell in jedem der drei Maßstäbe?

Lösungen

1. Die Oberfläche des größeren Quaders ist das neunfache der Oberfläche des kleinen Quaders.
Das Volumen des größeren Quaders ist das siebenundzwanzigfache des Volumens des kleinen Quaders.
4. HO: Länge: 28,9 cm; Höhe: 5,2 cm; Treibraddurchmesser: 2,6 cm TT: Länge: 21 cm; Höhe: 3,8 cm; Treibräder: 1,9 cm
N: Länge: 15,7 cm; Höhe: 2,8 cm; Treibraddurchmesser: 1,4 cm
2. Der Mast ist 7 m hoch. 3. a) x = 120 m b) x = 89 m c) x = 150 m

5 Bei Kleinbildfilmen haben die Negative ein Format von 24 mm × 36 mm. Davon werden im Labor Abzüge auf Fotopapier angefertigt, die oft in den folgenden Formaten angeboten werden:
9 cm × 13 cm 10 cm × 15 cm 13 cm × 18 cm 20 cm × 30 cm

a) Überprüfe, ob bei diesen Formaten das Negativ abgebildet werden kann, ohne dass ein Teil davon auf dem Bild nicht zu sehen ist oder aber ein Stück des Fotopapiers ungenutzt bleibt!

b) Ergeben die Formate der Bilder zueinander ähnliche Figuren?

6 Halbiere ein rechteckiges Blatt Papier im Format DIN A4 durch Falten quer zur langen Seite! Du erhältst ein Blatt im genormten Format DIN A5. Wiederhole die Faltung noch zweimal! Dabei erhältst du Blätter mit den Formaten A6 und A7.

a) Bestimme für jedes Format die Seitenlängen und das Verhältnis von langer und kurzer Seite!

b) Wie groß müssten Blätter der Formate A2, A1 und A0 sein?

c) Untersuche die Blätter auf Ähnlichkeit!

d) Berechne die Fläche eines Blattes im Format A0!

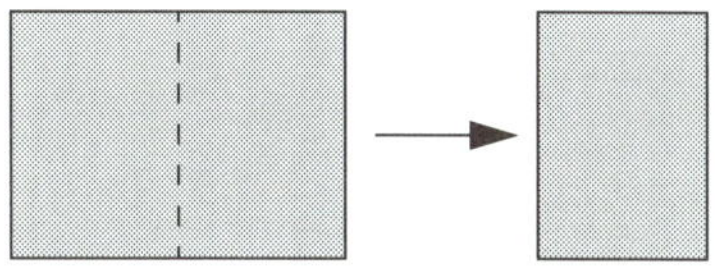

Format	A0	A1	A2	A3	A4	A5	A6	A7
Länge (l)					297 mm			
Breite (b)					210 mm			
l : b								
Fläche								

7 Mit Kopiergeräten kann man auf einfache Weise Vergrößerungen bzw. Verkleinerungen anfertigen. Durch Eingabe von Prozentwerten (z. B. 25%) wird der gewünschten Maßstab eingestellt.

a) Was erreicht man mit der Eingabe des Prozentwertes 150 %? ______

b) Ein Bild soll im Maßstab 1:4 verkleinert werden. Welcher Prozentwert ist einzugeben? ______

c) Welcher Prozentwert muss eingestellt werden, um ein DIN-A4-Bild auf DIN-A5-Format zu verkleinern? ______

8 Je zwei Würfel werden miteinander verglichen. Berechne die in der Tabelle fehlenden Verhältnisse!

Verhältnis der Kanten	1 : 2					3 : 2	
Verhältnis der Flächen		1 : 9		1 : 64	$1 : 10^4$		
Verhältnis der Volumina			64 : 1				$1 : 10^6$

Lösungen

7. a) Vergrößerung im Maßstab 3 : 2 b) 25% c) 71%
5. In den Formaten 10 x 15 und 20 x 30 kann das Negativ vollständig abgebildet werden. Diese Formate sind zum Negativ ähnlich.
8. Allgemein gilt: Ist das Verhältnis der Kanten 1 : n, dann beträgt das Verhältnis der Flächen $1 : n^2$, das der Volumina $1 : n^3$.
6. a) Für jedes Format beträgt das Verhältnis von langer zu kurzer Seite $\sqrt{2} : 1$ b) 420 × 594; 594 × 841; 841 × 1189
c) Alle Blätter sind zueinander ähnlich. d) Im Format A0 beträgt die Fläche fast genau 1 m^2.

1 „Über den Daumen gepeilt“ sagt man, wenn man etwas abschätzt. Der Ursprung dieser Redensart entstammt folgendem Vorgehen: Visiert man einen Gegenstand über den aufgestellten Daumen bei gestrecktem Arm einmal nur mit dem linken und dann nur mit dem rechten Auge an, erlebt man den so genannten „Daumensprung“ – der Daumen bzw. der Gegenstand wandern scheinbar.
Eine Erklärung liefert die Skizze

Halte abwechselnd ein Auge zu und probiere es aus!

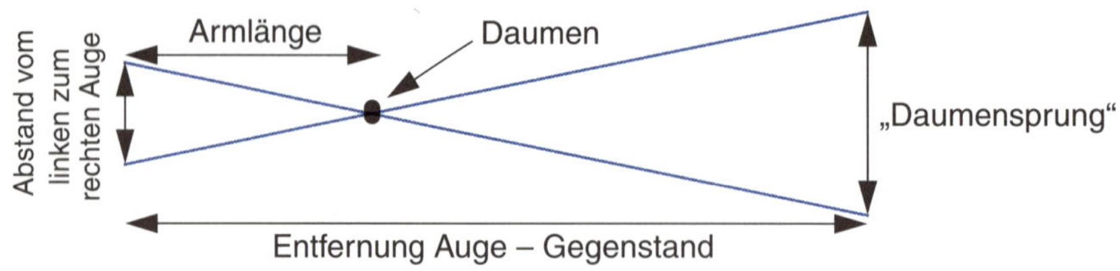

Wie kann man mit dem „Daumensprung“ näherungsweise rechnen?

a) Paul peilt aus einiger Entfernung einen LKW an, der ungefähr 10 m lang ist. Der Daumensprung macht etwa die Hälfte der Länge des LKW aus. Wie weit ist der LKW von Paul entfernt, wenn Pauls Augenabstand 6,5 cm und seine Armlänge (Abstand Auge – Daumen) ungefähr 60 cm betragen?

b) Jana peilt aus 1 km Entfernung eine Brücke an. Der Daumensprung macht ein Viertel der Brücke aus. Janas Augenabstand beträgt 6 cm und ihre Armlänge ca. 55 cm? Wie lang ist die Brücke?

2 Wie groß ist die Fläche des grauen Quadrates, wenn die Fläche des durch die vier schwarzen Punkte gebildeten Quadrates 1 beträgt?

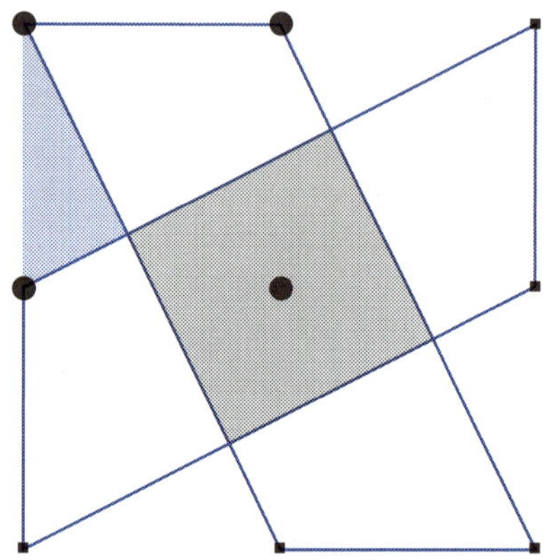

Lösungen

2. Das farbige Hilfsdreieck ist nach Strahlensatz ein Viertel des zu ihm ähnlichen Dreiecks und ein Viertel des grauen Quadrates. Das ganz große Viereck besteht damit aus 20 farbigen Dreiecken. Die Fläche des durch 4 Punkte gebildeten Quadrates besteht aus 5 Dreiecken. Die Fläche des grauen Quadrates besteht aus 4 Dreiecken und beträgt damit 0,8 bzw. vier Fünftel des „Punktequadrates“.

1. a) 46 m b) ca. 436 m

Im rechtwinkligen Dreieck heißt die längste Seite Hypotenuse. Die beiden anderen Seiten nennt man Katheten. Für alle rechtwinkligen Dreiecke gilt der Satz des Pythagoras:
Das Quadrat über der Hypotenuse ist gleich der Summe der Quadrate über den Katheten.
Beispiel: $c^2 = a^2 + b^2$.

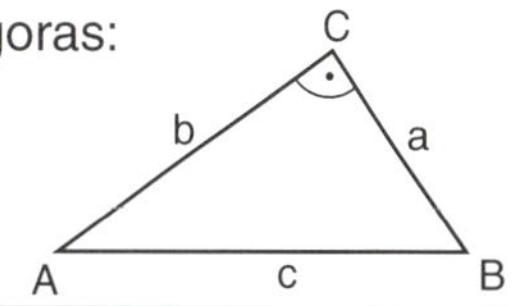

1 Ergänze die Angaben!

a)

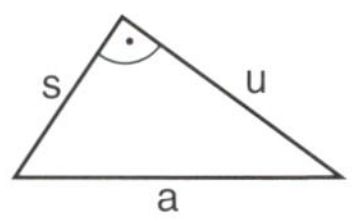

Hypotenuse: ____________________

Katheten: ____________________

Gleichung: ____________________

b)

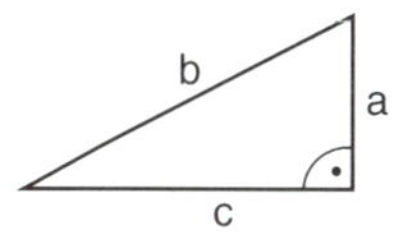

Hypotenuse: ____________________

Katheten: ____________________

Gleichung: ____________________

2 a) Im Dreieck BCD mit den Seiten b, c, d und den Winkeln β, γ, δ ist b die Hypotenuse. Gib zu jedem Winkel an, zu welcher Winkelart er gehört!

β: ________________ Winkel; _________ und _________ ______________ Winkel.

b) Im Dreieck DEF mit den Winkeln $\delta = 72°$ und $\varepsilon = 18°$ gilt:

Die Hypotenuse ist ___________ . Die Katheten sind _________ und _________ .

Es gilt folgende Gleichung: ____

3 Drücke die Beziehungen zwischen den Seiten jeweils durch eine Gleichung aus!
Nutze dafür den Satz des Pythagoras!

a) Rechteck

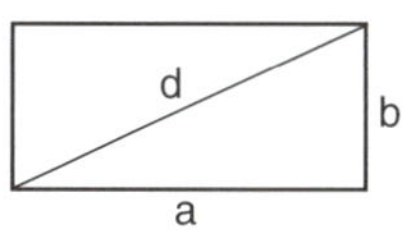

____

b) Quadrat

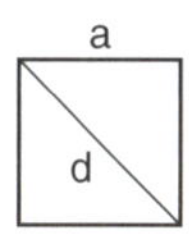

____

c) gleichseitiges Dreieck

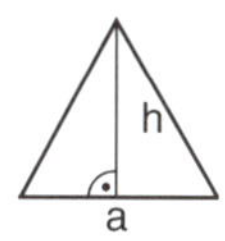

____

4 Berechne!

a) $\sqrt{6^2 + 8^2}$ = ________________________

b) $\sqrt{40^2 + 9^2}$ = ________________________

c) $\sqrt{6^2 + 4^2}$ = ________________________

d) $\sqrt{14^2 - 12^2}$ = ________________________

5 Berechne!

a) $\sqrt{13^2 - 12^2}$ = ________________________

b) $\sqrt{(13 - 12)^2}$ = ________________________

c) $\sqrt{13} - \sqrt{12}$ = ________________________

d) $\sqrt{12^2 - 13^2}$ = ________________________

Lösungen

1. a) Hypotenuse: a
   Katheten: s, u
   Gleichung: $s^2 + u^2 = a^2$
   b) Hyp.: b und Katheten: a und c
   Gleichung: $a^2 + c^2 = b^2$
2. a) β: rechter Winkel;
   γ und δ sind spitze Winkel;
   b) Hypotenuse ist f;
   Katheten sind d und e
   Gleichung: $d^2 + e^2 = f^2$
3. a) $a^2 + b^2 = d^2$;
   b) $d^2 = 2a^2$;
   c) $h^2 = a^2 - \left(\frac{a}{2}\right)^2$
4. a) 10; b) 41;
   c) 7,21 ($\sqrt{52}$);
   d) 7,21 ($\sqrt{52}$)
5. a) 5 b) 1 c) 0,1414
   d) nicht lösbar

6 In einem Dreieck ABC sind a und b Katheten. Berechne die Hypotenuse c!

a) a = 15 cm; b = 8 cm

b) a = 15 cm; b = 20 cm

c) a = 21 cm; b = 35 cm

d) a = 0,45 m; b = 0,45 m

7 In einem Dreieck sind a und b die Katheten und c ist die Hypotenuse.
Berechne jeweils die fehlende Seite!

a) a = 6 cm; c = 10 cm

b) b = 35 cm; c = 37 cm

c) a = 4,8 cm; c = 9,6 cm

8 Berechne jeweils die gesuchte Größe für das Dreieck ABC!

a) geg.: a = 9,2 cm; b = 7,4 cm ges.: c

b) geg.: a = 175 mm; c = 300 mm ges.: b

c) geg.: b = 24,5 cm; c = 30,5 cm ges.: a

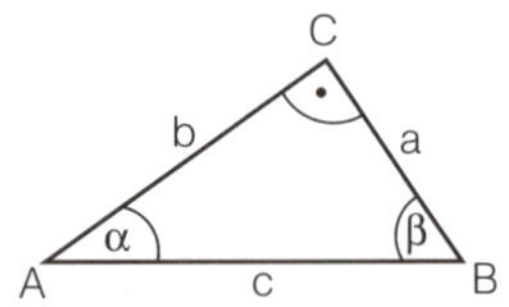

9 Berechne x!

a)

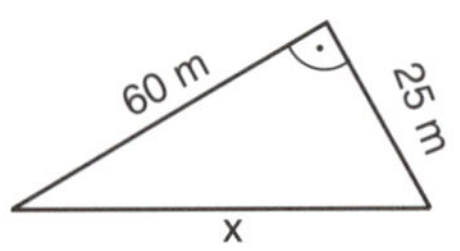

b)

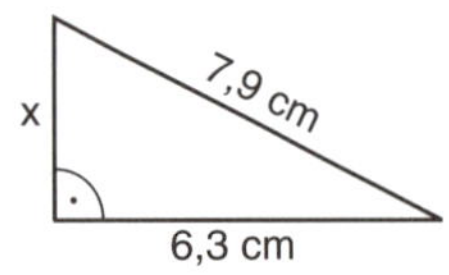

c)

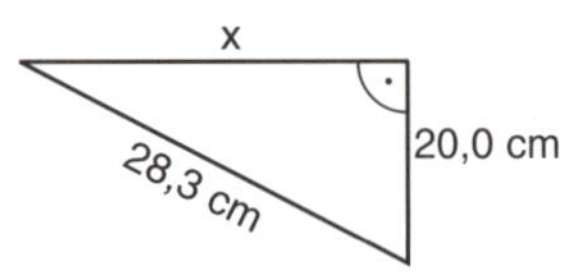

10 Berechne x!

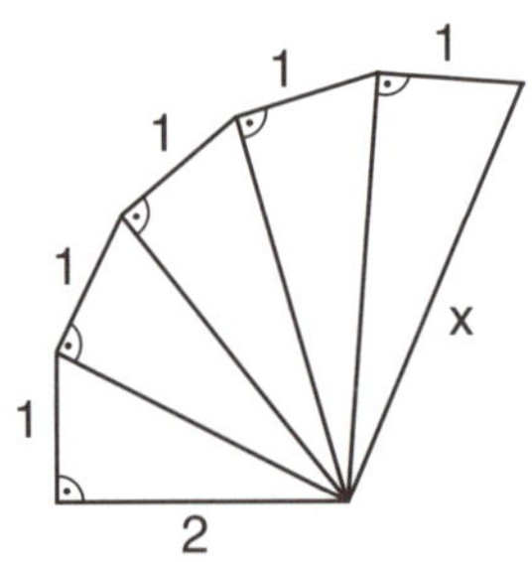

Lösungen

10. x = 3

6. a) c = 17 cm
b) c = 25 cm
c) c = 40,8 cm
d) c = 0,64 m

8. a) c = 11,8 cm
b) b = 244 mm
c) a = 18,2 cm

7. a) b = 8 cm
b) a = 12 cm
c) b = 8,3 cm

9. a) x = 65 m
b) x = 4,8 cm; (4,77 cm)
c) x = 20,0 cm

1 Berechne die gesuchte Größe x!

a) gleichschenkliges Dreieck

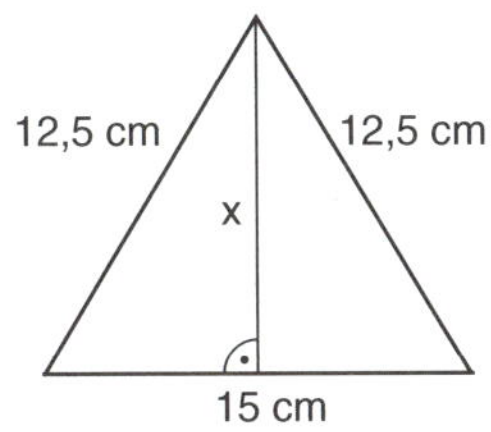

b) Rhombus

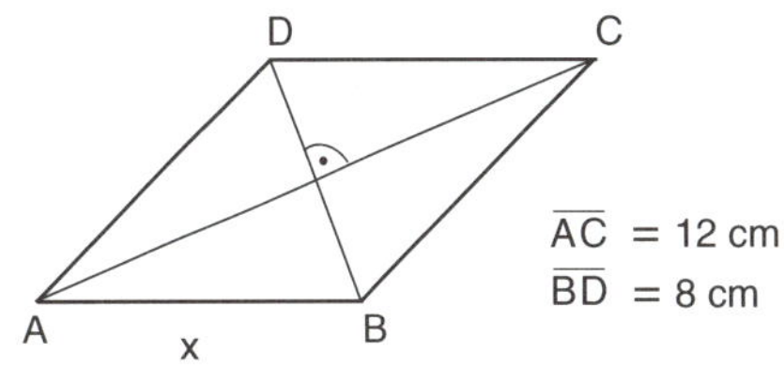

____

2 Finde eine Formel für die Länge d der Diagonalen eines Quadrats mit der Seitenlänge a!

(Hinweis: $\sqrt{2n^2} = \sqrt{2} \cdot \sqrt{n^2} = \sqrt{2} \cdot n$)

d^2 = ____________

d = ____________

d = ____________

Skizze:

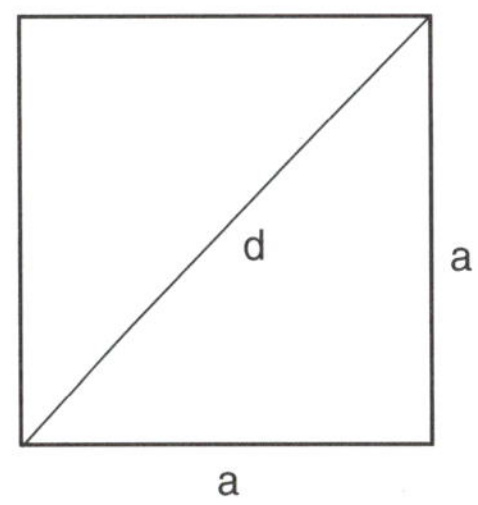

3 Ergänze die Tabelle! Es seien a die Seite und d die Diagonale eines Quadrats.

a	10 cm	16 cm	4,2 cm	
d				20 cm

4 a) Wie groß ist die mit dem Fragezeichen bezeichnete Fläche, wenn alle Vierecke Quadrate sind?

____

b) Gib die Seitenlängen des Dreiecks ABC an!

____

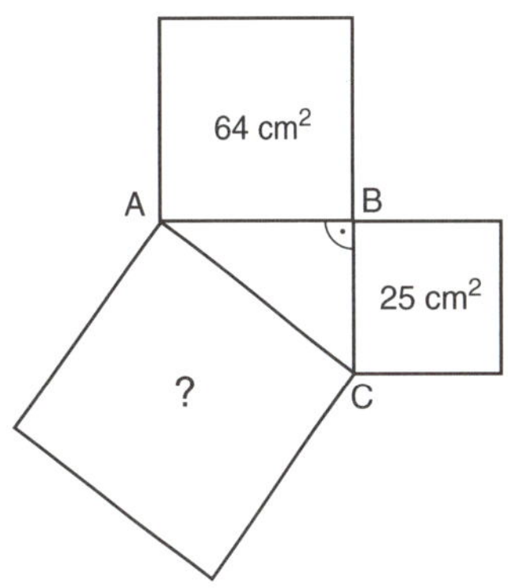

5 In einem rechtwinkligen Dreieck sind zwei der Seiten 5 cm bzw. $\sqrt{24}$ cm lang. Gib alle Möglichkeiten für die Länge der dritten Seite an!

____

Lösungen

1. a) x = 10 cm
b) x = 7,2 cm ($\sqrt{52}$)

2. $d^2 = a^2 + a^2$;
$d = \sqrt{2a^2}$;
$d = a \cdot \sqrt{2}$

3.

a	10 cm	16 cm	4,2 cm	14,1 cm
d	14,1 cm	22,6 cm	5,9 cm	20 cm

4. a) 89 cm²
b) 8 cm; 5 cm; 9,4 cm ($\sqrt{89}$)

5. 7 cm und 1 cm

6 Die folgenden Angaben beziehen sich auf ein Dreieck ABC mit $\gamma = 90°$.
Ergänze die fehlenden Werte in der Tabelle!

a	24 cm		12,5 cm	16 cm
b	70 cm	3,9 cm		
c		8,4 cm	21,5 cm	32 cm

7 Berechne den Flächeninhalt der folgenden Dreiecke!

a)

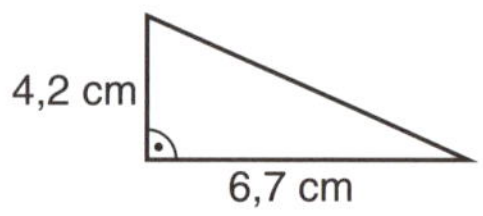

b)

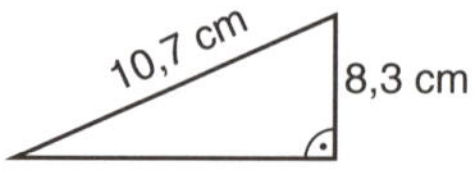

8 Die Abbildung zeigt ein gleichschenkliges Trapez ABCD.
Es gilt: a = 14 cm; c = 6 cm; d = 5 cm
Berechne die Höhe h und den Flächeninhalt A!

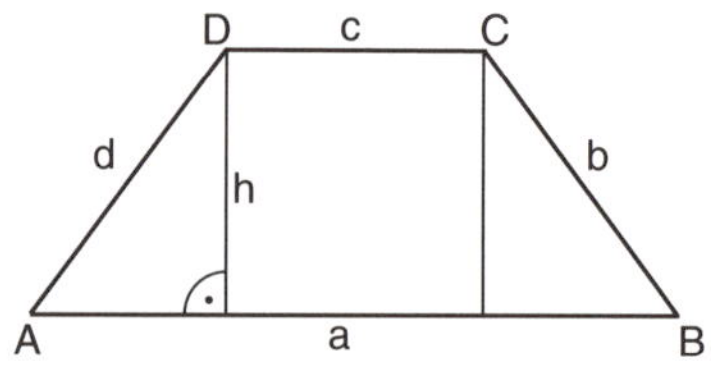

9 Gegeben sind die Punkte
A (1; 0), B (4; 4) und C (2; 3).

a) Trage die Punkte in das Koordinatensystem ein!

b) Berechne folgende Abstände auf eine Dezimalstelle genau!

$\overline{AB}$ = ______

$\overline{AC}$ = ______

$\overline{BC}$ = ______

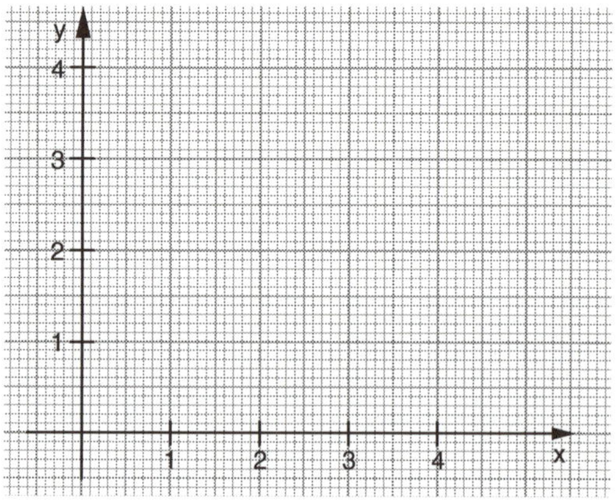

10 Berechne den Umfang des dargestellten Dreiecks!

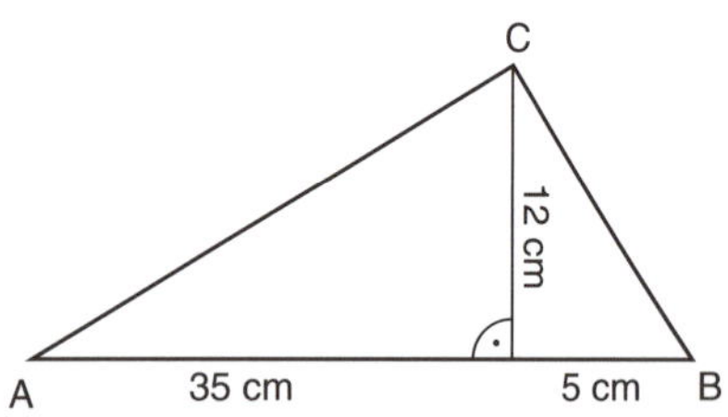

Lösungen

6.

a	24 cm	7,4 cm	12,5 cm	16 cm
b	70 cm	3,9 cm	17,5 cm	27,7 cm
c	74 cm	8,4 cm	21,5 cm	32 cm

7. a) A = 14,1 cm² (14,07 cm²)
b) A = 28,0 cm² (dritte Seite: 6,75 cm)

8. h = 3 cm
A = 30 cm²

9. a)

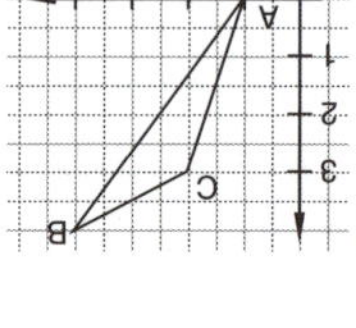

b) $\overline{AB}$ = 5
$\overline{AC}$ = 3,16 ($\sqrt{10}$)
$\overline{BC}$ = 2,24 ($\sqrt{5}$)

10. Katheten: 37 cm und 13 cm ; u = 90 cm

Für alle rechtwinkligen Dreiecke gilt:

Höhensatz: Der Flächeninhalt des Quadrats über der Höhe ist gleich dem Flächeninhalt des Rechtecks aus den Hypotenusenabschnitten.

Beispiel: $h^2 = p \cdot q$

Kathetensatz: Der Flächeninhalt des Quadrats über einer Kathete ist gleich dem Flächeninhalt des Rechtecks aus der Hypotenuse und dem zugehörigen Hypotenusenabschnitt.

Beispiel: $a^2 = c \cdot p$; $b^2 = c \cdot q$

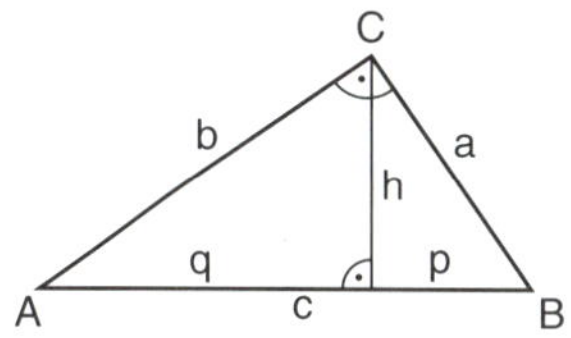

1 Drücke die Zusammenhänge zwischen den Stücken des abgebildeten Dreiecks mit Hilfe von Gleichungen aus!

Nach dem Höhensatz gilt: ______________________

Nach dem Kathetensatz gilt: ______________________

Nach dem Satz des Pythagoras gilt: ______________________

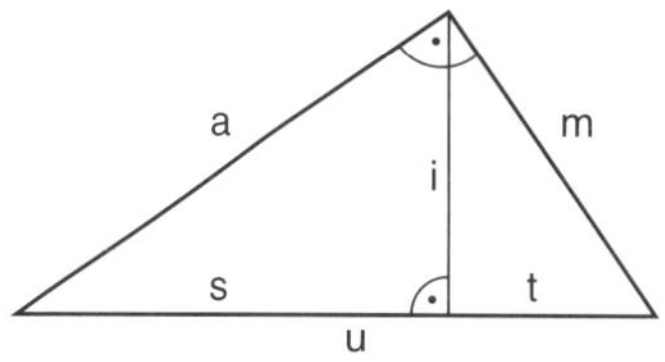

2 Ergänze das Bild so, dass alle Beziehungen des Kathetensatzes sichtbar sind!

Begründe dein Vorgehen!

____

____

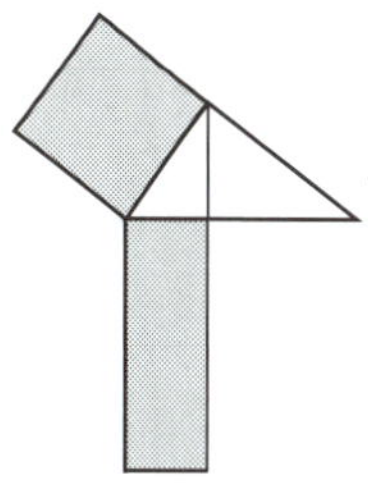

3 Ergänze die fehlenden Werte in der Tabelle!

p	9 cm	10 cm	8 cm	
q	4 cm			36 cm
c		20 cm		
h			2 cm	12 cm

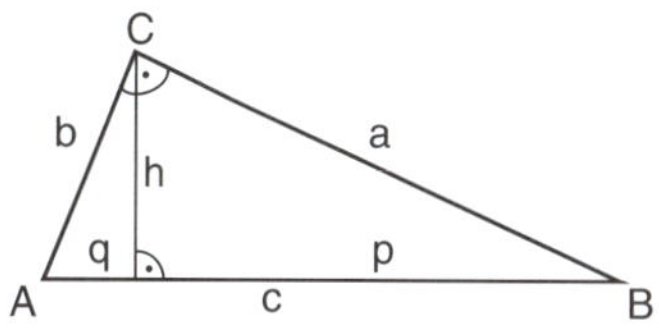

4 Berechne jeweils die gesuchten Größen!

a)

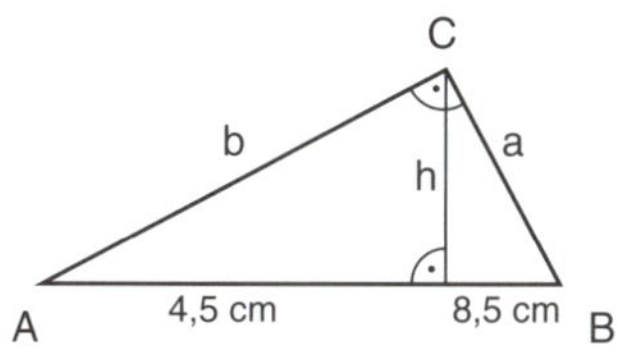

h = ________ c = ________

a = ________ b = ________

b)

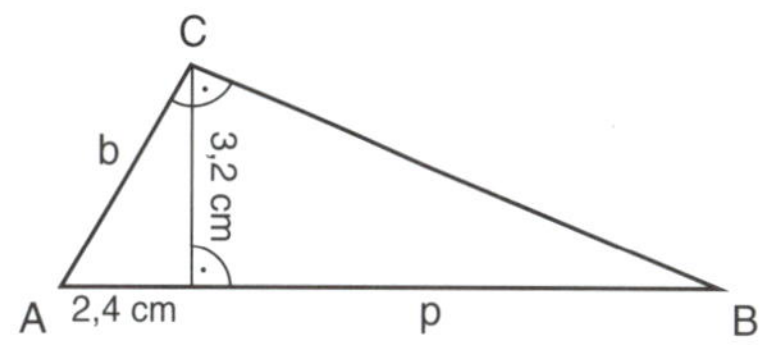

b = ________ p = ________

c = ________ A = ________

Lösungen

1. a) $i^2 = s \cdot t$
b) $a^2 = u \cdot s$; $m^2 = u \cdot t$
c) $u^2 = a^2 + m^2$;
$a^2 = i^2 + s^2$;
$m^2 = i^2 + t^2$

2.

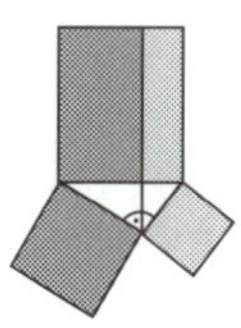

3.

p	9 cm	10 cm	8 cm	4 cm
q	4 cm	10 cm	0,5 cm	36 cm
c	13 cm	20 cm	8,5 cm	40 cm
h	6 cm	10 cm	2 cm	12 cm

4. a) h = 6,2 cm; c = 13,0 cm;
a = 10,5 cm; b = 7,6 cm
b) b = 4,0 cm; p = 4,3 cm;
c = 6,7 cm; A = 10,7 cm^2

1 Ein Mast soll durch Drahtseile in der Senkrechten gehalten werden. Die Seile werden in 25 m Höhe am Mast angebracht und auf dem Boden 10 m vom Fußpunkt des Mastes entfernt verankert.
Vervollständige die Skizze!
Wie lang muss ein solches Seil sein, wenn an jedem Ende zusätzlich 50 cm für die Befestigung gebraucht werden?

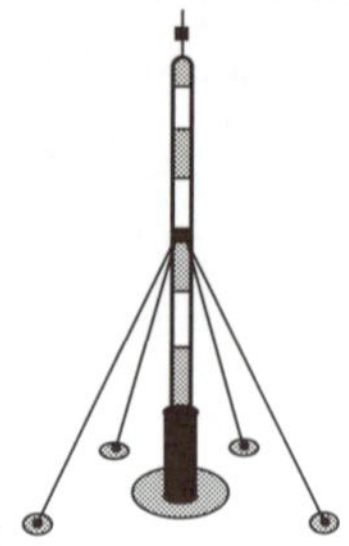

2 Ein Würfel hat die Kantenlänge a = 7,1 cm.

a) Berechne die Länge d_R der Raumdiagonale $\overline{HB}$!

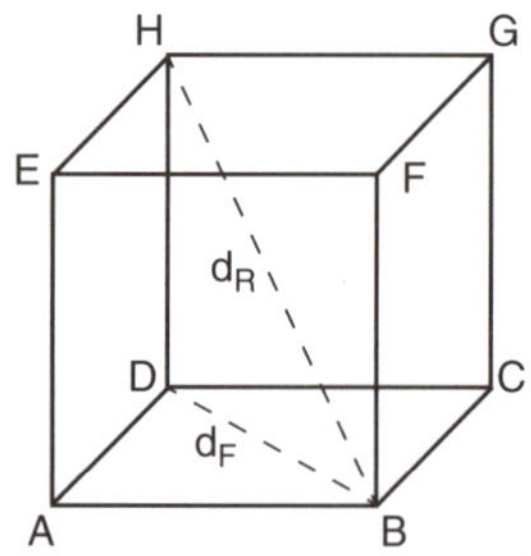

b) Wievielmal so lang wie a ist d_R?

3 a) Konstruiere ein Quadrat, das genau so groß ist wie die beiden abgebildeten Quadrate zusammen!
b) Überprüfe die Lösung durch Messen der Seiten und Rechnung!

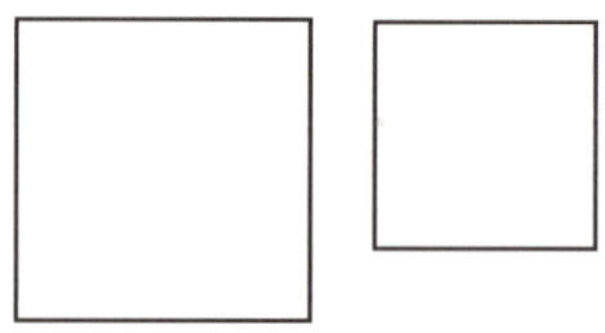

4 Einem Kreis mit dem Durchmesser d = 3,0 cm wird das größte Quadrat einbeschrieben.
a) Löse die Aufgabe durch eine Konstruktion!
b) Berechne die Seite des Quadrats!

Lösungen

2. a) $d_R = 12,3$ cm
($d_F = 10,04$ cm)
b) 1,7-mal so lang ($\sqrt{3}$ -mal so lang)

4. a)

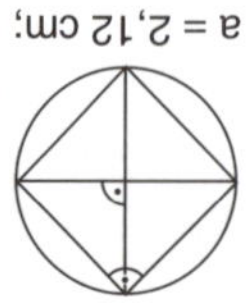

Maßst.: 1 : 2

b) a = 2,12 cm; (1,5 · $\sqrt{2}$)

1. 28 m (26,9 m + 1 m)

3. a)

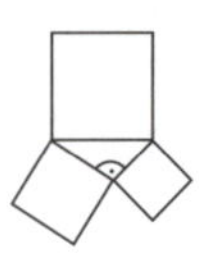

Maßstab: 1 : 4

b) $2^2 + 1,5^2 = 2,5^2$

5 Wie viel Meter „spart“ ein „Trampler“, der statt auf den Wegen von A über K nach B geht, wenn er den direkten „Trampelpfad“ benutzt?

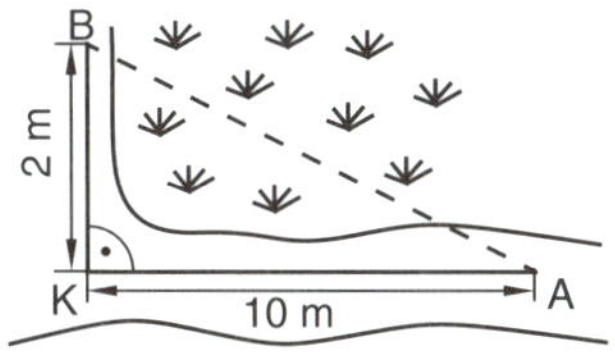

6 Wie lang ist die Mantellinie eines Kegels mit dem Durchmesser d = 18 cm und der Höhe h = 8 cm?

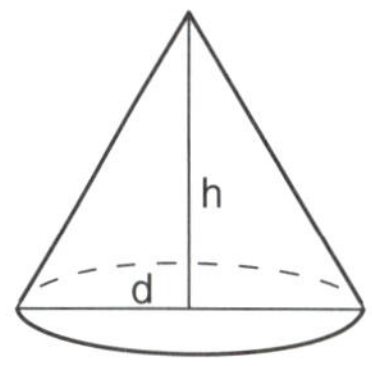

7 Die Abbildung zeigt einen Schuppen.
Berechne die Größe der (grauen) Dachfläche!

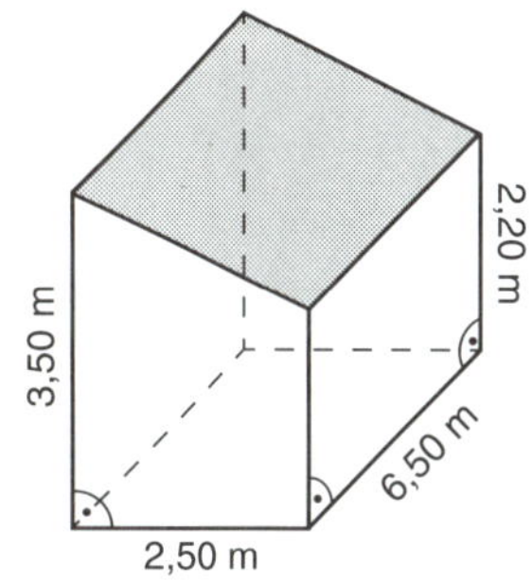

8 Ein Garten in Form eines Dreiecks und ein Garten in Form eines Rechtecks liegen genau nebeneinander. Entnimm die Maße der Zeichnung!

a) Welcher der beiden Gärten hat die größere Fläche?

b) Welcher Garten hat den größeren Umfang (die größere Zaunlänge)?

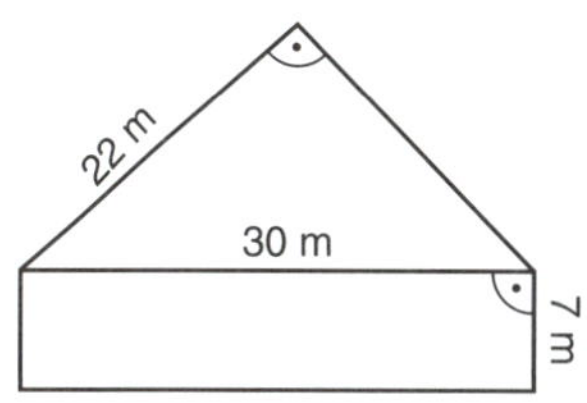

9 Zum Verschicken eines dünnen 60 cm langen Stabes benötigt Herr Töpfer einen (quaderförmigen) Karton. Es werden drei Sorten angeboten:
(1) 40 cm x 40 cm x 10 cm
(2) 50 cm x 20 cm x 30 cm
(3) 55 cm x 20 cm x 20 cm
Welche Sorte könnte er benutzen? Begründe!

Lösungen

7. A = 18,3 m²
(Schräge ist 2,82 m lang)
5. 1,8 m
6. 12,0 cm

9. Raumdiagonalen (1) 57,4 cm
(2) 61,6 cm
(3) 61,8 cm
(2) und (3) sind geeignet

8.

a)	$A_D = 224{,}4\ m^2$	$A_R = 210\ m^2$	$A_D > AR$
b)	$u_D = 72{,}4\ m$	$u_R = 74\ m$	$u_D < uR$

1 Jede der folgenden Ansichten kann zu mehreren Körpern gehören. Skizziere dort, wo möglich, in die Felder der Tabelle jeweils eine zweite Ansicht so, dass der angegebene Körper eindeutig bestimmt ist!

	Zylinder	Prisma	Pyramide	Kegel

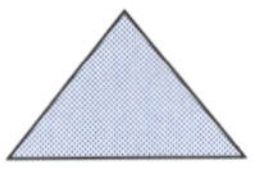				

2 Kreuze an, welche der abgebildeten Figuren Prismen sind!

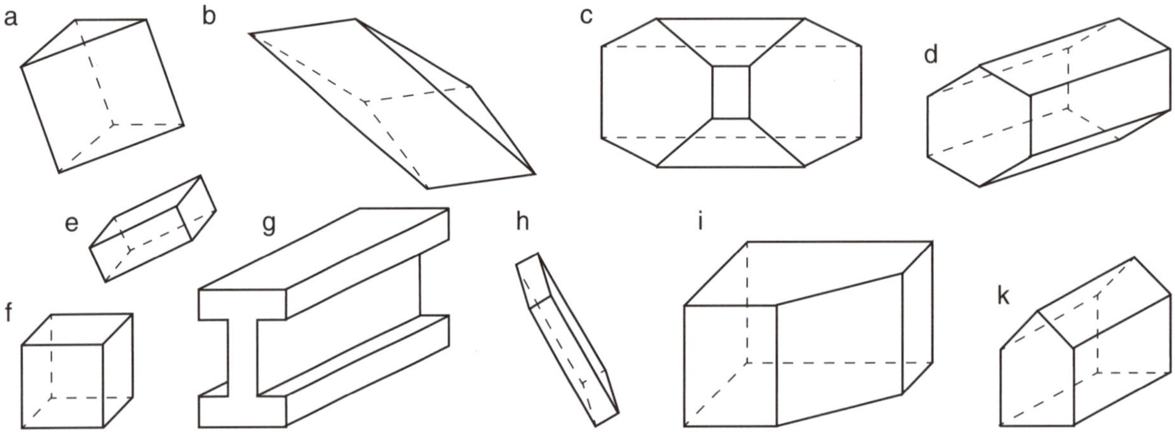

3 Ergänze zum Netz einer geraden Pyramide!

a)

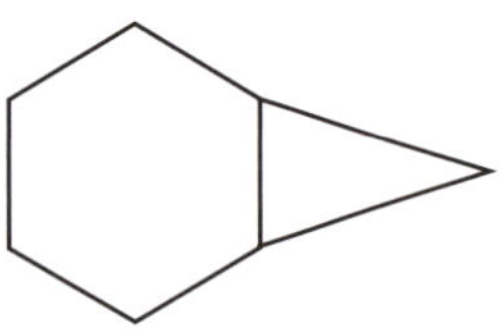

b)

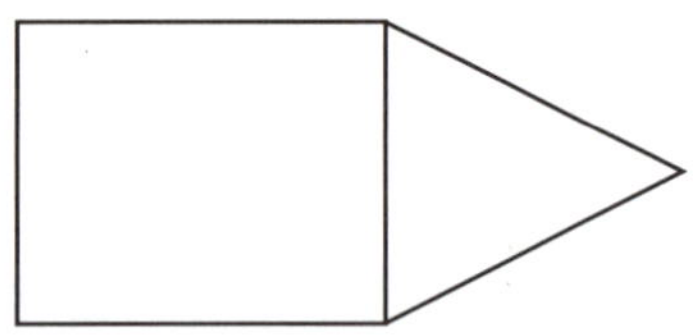

Lösungen

1. Überprüfe deine Lösungen mithilfe richtiger Körper. Der zweite und vierte Körper kann kein Zylinder sein. Der dritte Körper kann kein Prisma und auch keine Pyramide sein. Der erste und vierte Körper kann kein Kegel sein.
3. a) 6 gleich große Dreiecke als Seitenflächen
   b) 4 gleichschenklige Dreiecke als Seitenflächen, alle Schenkel sind gleich lang
2. a, b, d, e, f, g, h, i, k

Schrägbild

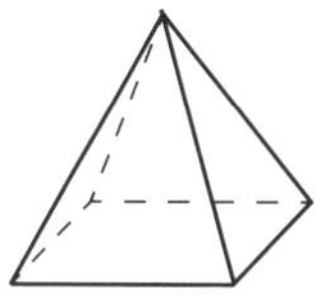

Zweitafelbilder

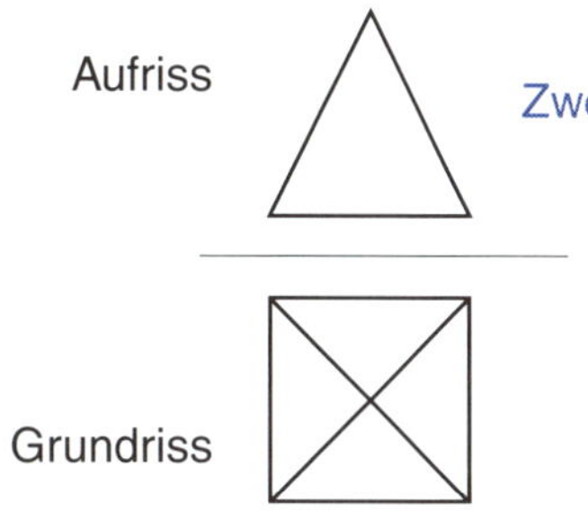

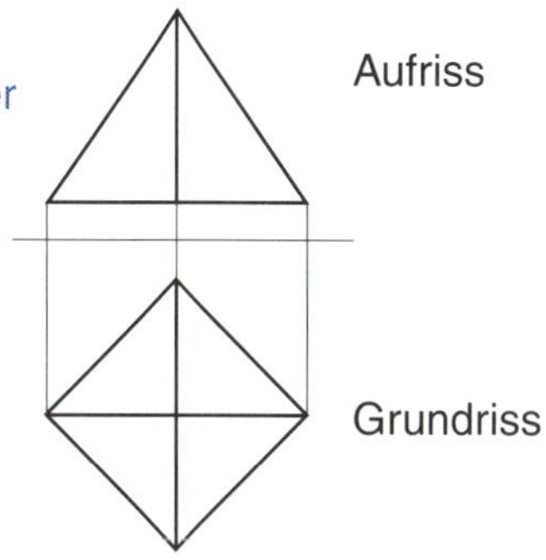

1 Schreibe auf, welche Körper in den Zweitafelbildern dargestellt sind! Skizziere passende Schrägbilder!

a)

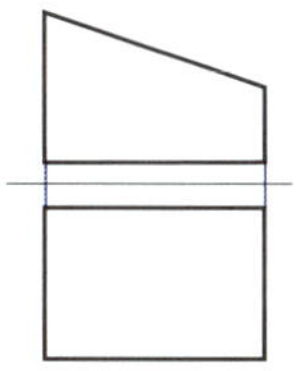

b)

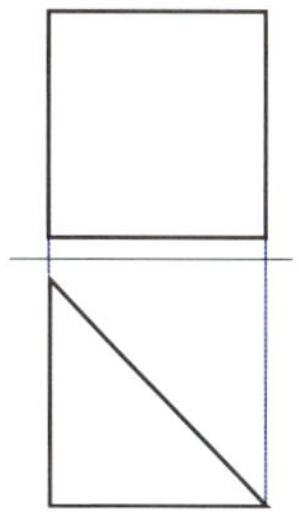

c)

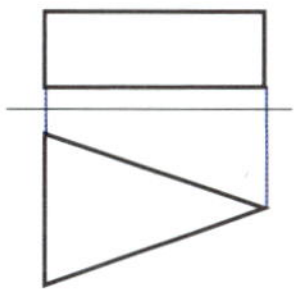

d)

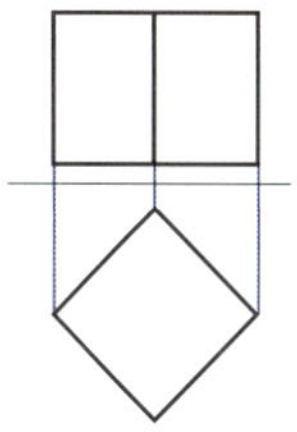

e)

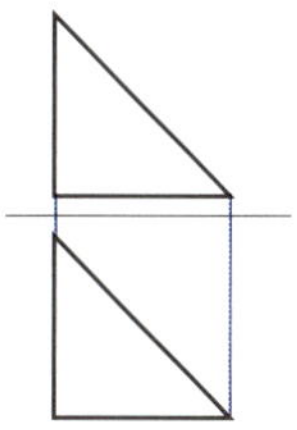

f)

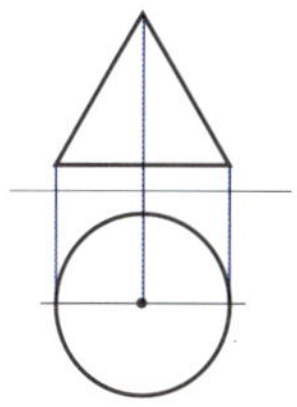

2 Berechne zu jedem in Aufgabe 1 abgebildeten Prisma das Volumen! Entnimm dazu erforderliche Maße den Abbildungen!

Lösungen

1.

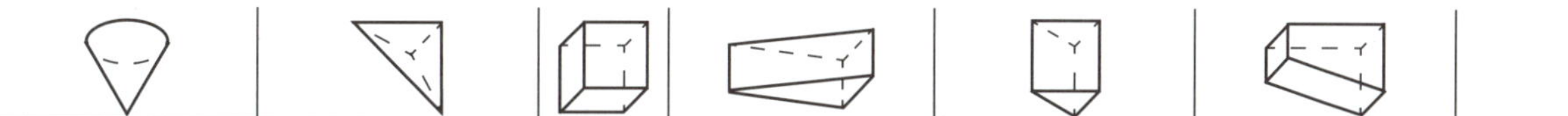

Figur	a)	b)	c)	d)	e)	f)
Körper	vierseitiges Prisma	dreiseitiges Prisma	dreiseitiges Prisma	Würfel	dreiseitige Pyramide	gerader Kreiskegel

2. a) $1{,}125\ cm^3$ b) $1{,}688\ cm^3$ c) $0{,}375\ cm^3$ d) $1\ cm^3$ e) kein Prisma f) kein Prisma

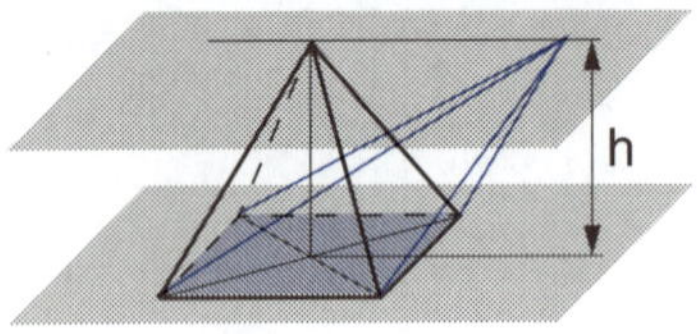

gerade und schiefe Pyramide

$V = \frac{1}{3} A_G \cdot h$

$A_O = A_G + A_M$

A_G = Grundfläche

A_M = Mantelfläche

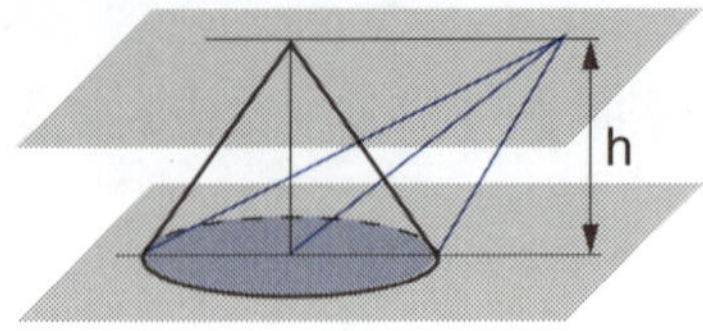

gerader und schiefer Kreiskegel

1 Bestimme von den gegebenen Kreiskegeln den mit dem größten Volumen! Kreuze an und begründe! Nummeriere die Kegel in der Reihenfolge vom volumengrößten zum volumenkleinsten Kegel!

(a) (b) (c) (d) (e) (f) (g) (h)

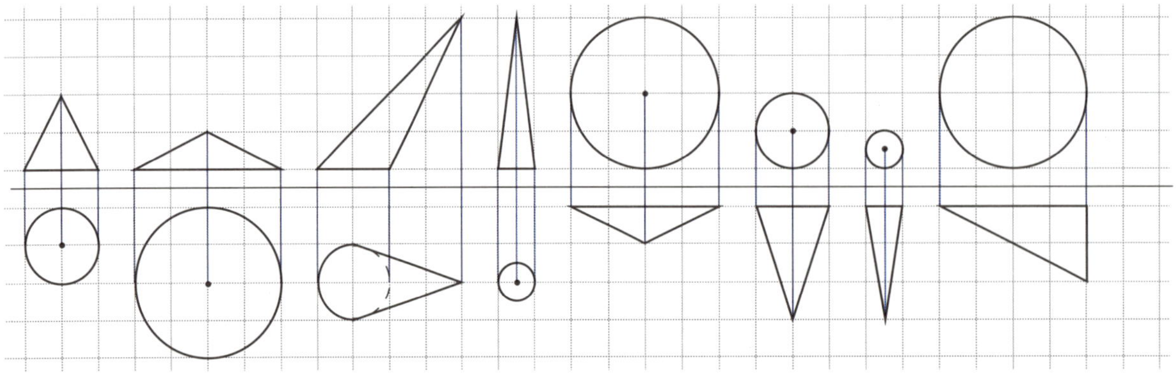

2 Zu einer geraden quadratischen Pyramide (Grundseite a = 6 cm, Höhe h = 4 cm) soll eine Pyramide gezeichnet werden, deren Volumen doppelt so groß ist.
Zeichne die große Pyramide als Schrägbild und als Zweitafelbild und gib ihr Volumen an! Benutze beim Zeichnen einen geeigneten Maßstab! Gib den Maßstab an!

Maßstab: ____________________

V = ____________________

Lösungen

1. g < d < a < f < b = c = e < h

2. Das Volumen der großen Pyramide beträgt 96 cm³. Am besten, man verdoppelt die Höhe, die Maße sind dann a = 6 cm und h = 8 cm.

3 Skizziere das Zweitafelbild der Pyramide! Berechne ihr Volumen!

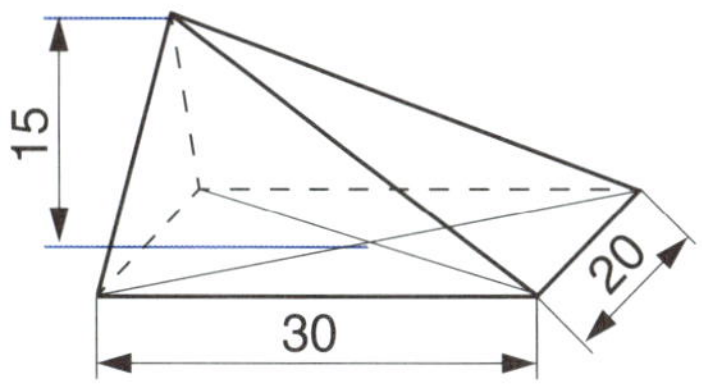

Maße in Millimeter

4 a) Skizziere zu diesem Zweitafelbild Schrägbilder von drei verschiedenen Körpern, die dazu passen!

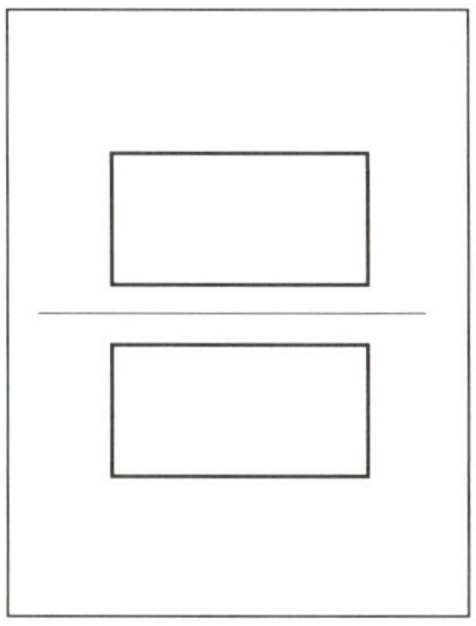

b) Ohne zu rechnen: Das größte Volumen hat: ______________________

c) Ohne zu rechnen: Die kleinste Oberfläche hat: ______________________

d) Berechne nun Volumen und Oberfläche von jedem der drei Körper und überprüfe damit a) und b)!

5 Das Tetraeder im Würfel

Baue aus festem Papier oder leichtem Karton einen „offenen Würfel", bei dem eine Fläche fehlt und dessen Kanten 5 cm lang sind! Baue dann ein Tetraeder (eine regelmäßige dreiseitige Pyramide) mit 7 cm langen Kanten! Versuche nun, das Tetraeder in den Würfel zu stecken! Skizziere die Lösung im Schrägbild!

Lösungen

3. Das Volumen der Pyramide beträgt 3000 mm³.

4. Beispiel: Quader ($V = 2\ cm^3$; $A_O = 10\ cm^2$)
Beispiel: dreiseitiges Prisma ($V = 1\ cm^3$; $A_O = 7{,}83\ cm^2$)
Beispiel: Kreiszylinder ($V = 1{,}57\ cm^3$; $A_O = 7{,}85\ cm^2$)

5. So passt der Tetraeder in den Würfel.

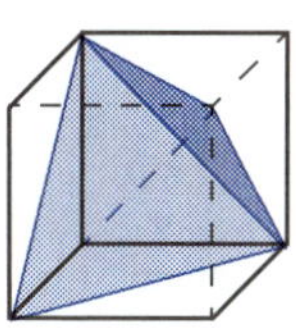

1 Eine Glasschale von 20 cm Durchmesser ist mit Wasser gefüllt. Durch einen kugelförmigen Öltropfen entsteht ein Ölfilm von 0,001 mm Dicke auf der ganzen Wasseroberfläche.

a) Welches Volumen hat ein Öltropfen, der dies bewirkt?

b) Wie viel Öl reicht aus, eine Wasserfläche von 1 km^2 mit einem solchen Ölfilm zu überziehen?

2 Kreuze die Aussagen a) bis d) an, die wahr sind! Vervollständige e) bis i) zu wahren Aussagen!

a) Wenn man bei einem Quader eine Seitenlänge verdoppelt, verdoppelt sich sein Volumen.

b) Wenn man bei einem Zylinder den Durchmesser verdreifacht, verdreifacht sich das Volumen.

c) Wenn man bei einem Zylinder die Höhe verdreifacht, verdreifacht sich das Volumen.

d) Wenn man bei einem Prisma die Grundfläche verdoppelt, vervierfacht sich das Volumen.

e) Wenn man bei einer Pyramide die Höhe verdreifacht, ______________________

f) Wenn man bei einem Zylinder den Durchmesser verdoppelt, ______________________

g) Wenn sich das Volumen eines Prismas verdoppelt, ______________________

h) Wenn sich die Oberfläche eines Würfels vervierfacht, ______________________

i) Wenn sich die Grundfläche eines Zylinders verdoppelt, ______________________

3 Ein zylindrisches Glas soll mit Markierungen für 0,15 *l*; 0,25 *l* und 0,5 *l* versehen werden.

a) In welcher Höhe sind die Striche zu machen, wenn der Innendurchmesser des Glases 5 cm, seine Höhe 18 cm und die Dicke des Bodens 1,5 cm betragen?

b) Wie viel Flüssigkeit passt maximal in das Glas? Vergleiche Rechnung und physikalische Erfahrung!

Lösungen

3. a) Striche sind bei 9,14 cm und 14,24 cm anzubringen. 0,5 Liter passen nicht in das Glas.
   b) Es passen höchstens 324 cm^3 in das Glas. Im Experiment würde noch ein wenig mehr Flüssigkeit hineinpassen. Vorsichtig Tropfen für Tropfen hinzugebend, gelingt es dir, auf das Glas einen „Berg“ zu füllen.
1. a) Es sind 31,4 mm^3 b) 1 Liter Öl reicht aus, um 1km^2 Wasseroberfläche zu bedecken.
2. a und c sind wahre Aussagen. (e) verdreifacht sich V (f) vervierfacht sich V (g) verdoppelt sich die Höhe (h) verdoppelt sich die Seitenlänge (i) verdoppelt sich das Volumen

1 Die Seitenlängen eines quaderförmigen Holzbausteins betragen 3 cm, 4 cm und 5 cm.

a) Wie groß ist die Oberfläche des Bausteins?

b) Wie groß ist die Oberfläche eines Würfels, der das gleiche Volumen hat?

2 Der Quader aus Aufgabe 1 wird in zwei gleiche Körper zersägt.

a) Skizziere (verkleinert) mehrere, möglichst völlig verschiedene Möglichkeiten der Zerlegung!

b) Ohne Rechnen: Die Oberfläche der Teilkörper ist am kleinsten, wenn ______________________

____

3 Eine gerade vierseitige Pyramide hat als Grundfläche ein Rechteck mit den Seitenlängen 3 cm und 2 cm. Sie ist 2 cm hoch.

a) Zeichne ein Netz der Pyramide!

b) Wie groß ist die Oberfläche der Pyramide?

Lösungen

3. a) Beachte: Die Höhe der Pyramide ist nicht gleich der Höhe ihrer Seitenflächen!
b) $A_O = 17{,}71\ cm^2$

1. a) $94\ cm^2$ b) $91{,}95\ cm^2$

2. a) Es gibt 6 Lösungen (3 Zerlegungen in Quader und 3 Zerlegungen in dreiseitige Prismen)
b) …, wenn die Schnittfläche am kleinsten, also hier ein Rechteck mit den Seitenlängen 3 cm und 4 cm ist.

1 Ein 5 m breiter und 7 m hoher Tunnel ist 5 km lang. Der Querschnitt des Tunnels hat die Form eines Rechtecks mit einem aufgesetzten Halbkreis.

a) Berechne das Luftvolumen im Tunnel!

b) Die Dicke der Betonhülle des Tunnels beträgt im Durchschnitt 30 cm. Wie viel Kubikmeter Beton waren zu ihrer Herstellung notwendig?

2 a) Zeichne ein passendes Zweitafelbild des Körpers!

b) Bestimme konstruktiv die wahre Länge der nicht bemaßten Kanten des Körpers!

c) Berechne Volumen und Oberflächeninhalt des Körpers (Maße in Millimeter)!

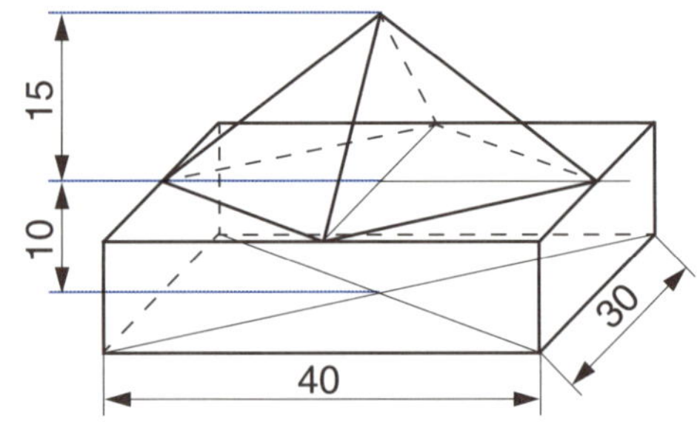

3 Aus einem Würfel mit einer Kantenlänge von 4 cm wird eine 3 cm hohe quadratische Pyramide mit der Kantenlänge 2 cm herausgeschnitten. Der Rest hat nebenstehende Zweitafeldarstellung:

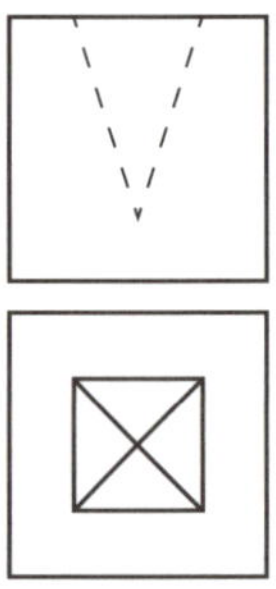

a) Bestimme das herausgeschnittene Volumen! V = __________

b) Welche Oberfläche hat der Restkörper? A_O= __________

c) Aus einem zweiten identischen Würfel wird ein zur Pyramide volumengleicher Kegel mit gleicher Höhe herausgeschnitten. Ohne zu rechnen: Ist dann die Oberfläche des Restkörpers kleiner, gleich oder größer als die des ersten?

Lösungen

1. a) $161600\ m^3$ b) $26000\ m^3$

2. a)

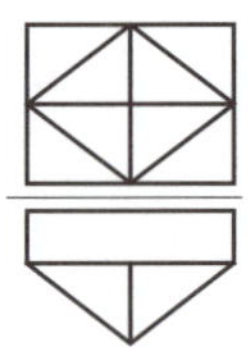

c) $V = 15\ cm^3$; $A_O = 40{,}5\ cm^2$

3. a) $V = 4\ cm^3$ b) $A_O = 104{,}6\ cm^2$ c) kleiner

1 Aus einer Bleikugel (r = 5 cm) wird ein 30 cm hoher gerader Kreiskegel gegossen. Berechne den Radius des Grundkreises! Wie hat sich der Oberflächeninhalt verändert?

2 Das Grunddreieck eines 4 cm hohen Prismas hat die Seitenlängen 3 cm, 4 cm und 5 cm.

a) Berechne Volumen und Oberfläche des Prismas!

b) Berechne den Flächeninhalt der Schnittfläche!

c) Zeichne die Schnittfläche im Maßstab 2 : 1!

d) Teilt die Schnittfläche das Prisma in zwei volumengleiche Teile?

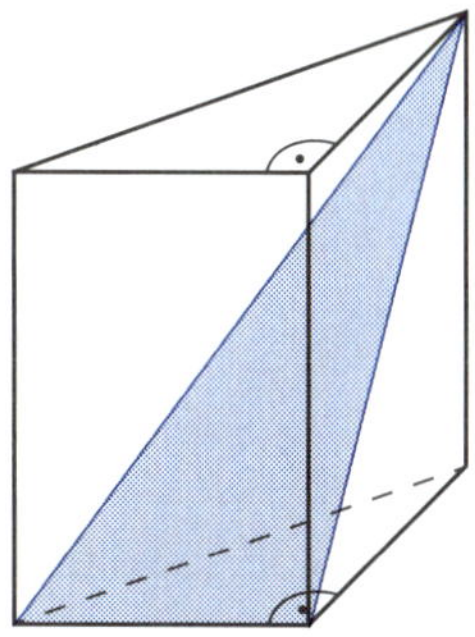

3 Ein Würfel mit der Kantenlänge a soll in volumengleiche Teile zerlegt werden. Die Teilstücke sollen keine Prismen, sondern Pyramiden sein, deren Grundflächen jeweils Quadrate sind.
Finde sechs Pyramiden, deren Grundseiten jeweils Flächen des Würfels sind!

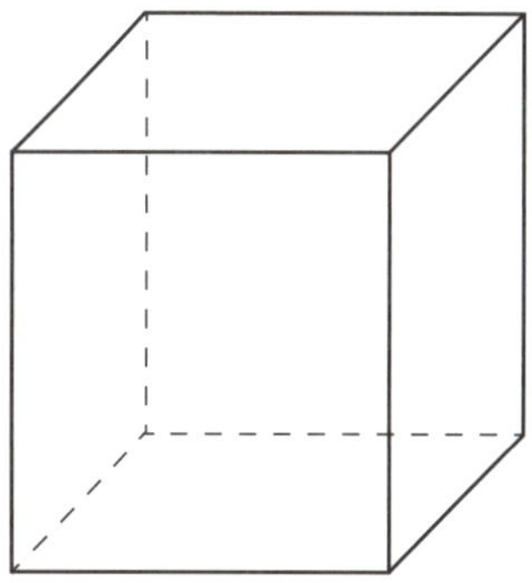

Lösungen

1. r = 4,1 cm; die Oberfläche wird um 40% größer

2. a) V = 24 cm^3; A_O = 60 cm^2 b) A = 8,49 cm^2 d) nein

4 Die Termite Geo beginnt ihr großes Fressen im großen 3×3-Holzwürfel mit folgendem Plan:

Sie bohrt sich in den Mittelpunkt einer der Flächen eines außen liegenden Würfels ein Loch. Anschließend will sie durch dieses hindurch, immer parallel zu den Seiten des großen Würfels, durch alle 26 außen liegenden kleinen Würfel, ohne einen Würfel zweimal zu durchqueren und ohne den großen Würfel zu verlassen, um sich zum Schluss über den innen liegenden (bislang unberührten) 27. kleinen Würfel herzumachen. Schafft sie das?
Wenn ja: Wie sieht ihr Weg aus?
Wenn nein: Warum ist so ein Weg nicht möglich?

5 Ein 30 cm langes und 20 cm breites Blech wird die Mantelfläche einer zylindrischen Konservendose. Das Blech soll sich beim Zusammentreffen 5 mm überlappen. Welche Seite des Rechtecks sollte die Höhe der Konservendose werden, damit diese ein möglichst großes Fassungsvermögen hat?

6 Es sollen hohle Glaskugeln mit einem Durchmesser von 12 cm einzeln verpackt werden. Dazu werden verschiedene Möglichkeiten geprüft.

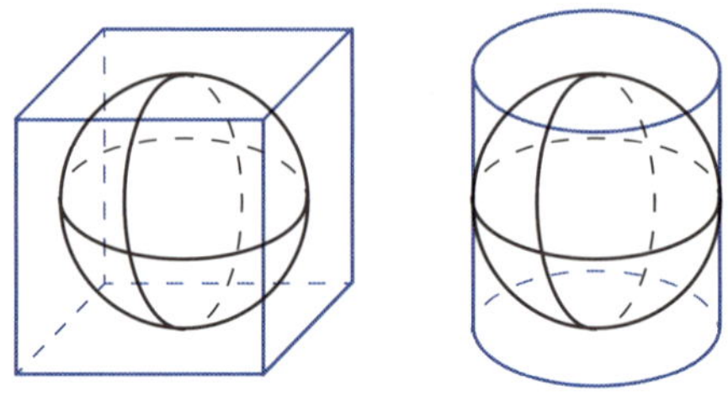

a) Für welche Verpackung wird weniger Material verbraucht?
b) Bei welcher Verpackung ist weniger Füllmaterial zusätzlich zur Glaskugel einzusetzen?

7 Bei einer Kugel und einem Würfel werden die Oberflächen verdoppelt. Auf das Wievielfache vergrößert sich jeweils das Volumen?

Lösungen

5. Das größere Volumen entsteht, wenn die kurze Seite des Bleches die Höhe der Dose wird.
7. Die Volumina von Kugel und Würfel werden in gleichem Maße vergrößert: ($2\sqrt{2}$)
4. Leider ist der Plan der Termite nicht realisierbar.
6. a) Zylinder (678,6 cm^2; beim Würfel werden 864 cm^2 verbraucht)
   b) Zylinder (452 cm^3; beim Würfel werden 823 cm^3 Füllmaterial benötigt)

1 Ein kleines Restaurant bietet vier Vorsuppen, sechs Hauptgerichte sowie drei Desserts an. Wie viele verschiedene Menüs (jeweils bestehend aus Vorsuppe, Hauptgericht und Dessert) lassen sich daraus zusammenstellen?

____

2 Aus den Ziffern 3, 5 und 7 sollen dreistellige Zahlen gebildet werden. Wie viel verschiedene Zahlen sind möglich, wenn folgende Fälle gelten?

a) Jede der Ziffern soll genau einmal auftreten.

____

b) Ziffern können mehrfach auftreten.

____

3 Im Dezimalsystem wird eine Zahl aus den Ziffern 0 bis 9 gebildet. Dualzahlen dagegen bestehen nur aus den Ziffern 0 und L.

a) Wie viele fünfstellige Zahlen gibt es im Dezimalsystem?

____

b) Wie viele fünfstellige Dualzahlen gibt es? Schreibe diese auf!

____

____

(Hinweis: Als fünfstellig sollen nur solche Zahlen bezeichnet werden, deren erste Ziffer keine 0 ist.)

4 Von fünf Aufgaben einer Klassenarbeit müssen drei bearbeitet werden. Wie viele Möglichkeiten der Aufgabenwahl gibt es?

____

5 In einem Gefäß befinden sich zwei blaue und fünf weiße Kugeln. Es werden drei Kugeln mit einem Mal – auf einen Griff – gezogen.

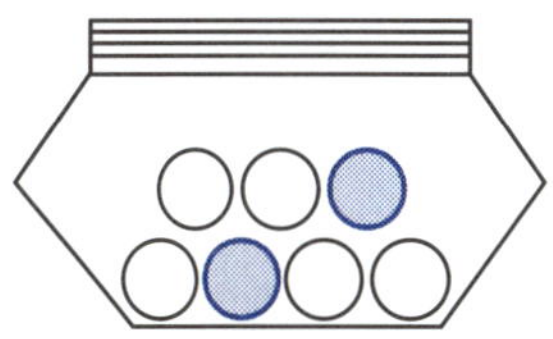

a) Welche Ergebnisse können bei dem Ziehungsvorgang auftreten? Veranschauliche die verschiedenen Möglichkeiten auch an einem Baumdiagramm.

b) Was vermutest du, welche Verteilung am wahrscheinlichsten ist?

____

Lösungen

2. a) 357; 537; 735; 375; 573; 753
   b) 27
1. $4 \cdot 6 \cdot 3 = 72$
4. 10

3. a) $9 \cdot 1000 = 9000$
   b) L0000; L000L; L00L0; L00LL; L0L00; L0L0L; L0LL0; L0LLL; LL000; LL00L; LL0L0; LL0LL; LLL00; LLL0L; LLLL0; LLLLL
   Es gibt 16 fünfstellige Dualzahlen.

5. a)

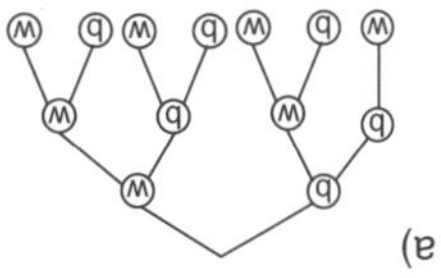

Möglichkeiten:
– {w; w; w}
– {w; w; b}
– {w; b; b}

b) zwei weiße und eine blaue Kugel {w; w; b}

1 Berechne jeweils den Mittelwert $\bar{x}$ der gegebenen Größen $x_1, x_2, \ldots, x_n$!

a) $x_1 = 4{,}50$ m $x_2 = 3{,}60$ m $x_3 = 6{,}20$ m $x_4 = 5{,}40$ m $x_5 = 4{,}80$ m

$\bar{x}$ = ____________________

b) $x_1 = 349$ € $x_2 = 329$ € $x_3 = 369$ € $x_4 = 349$ € $x_5 = 409$ €

$x_6 = 449$ € $x_7 = 349$ € $x_8 = 349$ € $x_9 = 399$ € $x_{10} = 419$ €

$\bar{x}$ = ____________________

2 Das arithmetische Mittel $\bar{x}$ von $x_1, x_2, \ldots, x_5$ soll 0 sein. Markiere auf der Zahlengeraden jeweils die Lage von x_5!

a)
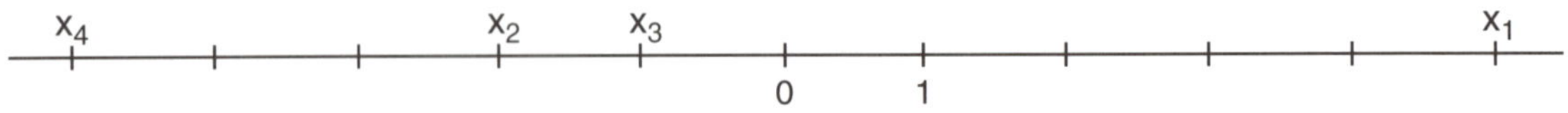

b)
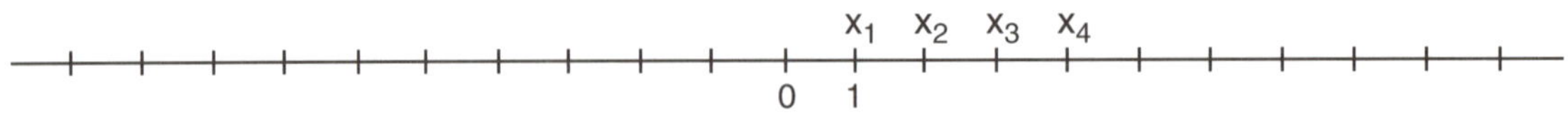

3 Die folgende Tabelle gibt die vereinfachte Gehaltsstruktur eines Unternehmens an.

Bruttogehalt in Euro	1 250	1 500	1 750	2 000	2 500	3 000	3 500	4 500
Anzahl der Mitarbeiter	5	8	13	10	7	4	2	1

a) Berechne das durchschnittliche Bruttoeinkommen der Mitarbeiter!

____

b) Wie viel Prozent der Mitarbeiter bekommen ein über dem Durchschnitt liegendes Gehalt?

____

Treten bei einer Strichprobe vom Umfang n Ergebnisse mehrfach auf, so vereinfacht sich die Berechnung des arithmetischen Mittels. Für die mit einer absoluten Häufigkeit $H_1, H_2, \ldots, H_k$ auftretenden Werte $x_1, x_2, \ldots, x_k$ gilt:

$$\bar{x} = \frac{H_1 \cdot x_1 + H_2 \cdot x_2 + \ldots + H_k \cdot x_k}{n} \qquad (k \leq n)$$

Man spricht in diesem Fall auch vom gewogenen arithmetischen Mittel mit den Wägungsfaktoren $H_1, H_2, \ldots, H_k$.

4 Carola hat 50-mal gewürfelt und dabei die folgenden Augenzahlen erreicht:

3 5 1 4 2; 5 1 2 6 5; 2 5 6 5 2; 3 1 1 6 6; 6 6 5 1 6; 4 3 6 3 1; 5 3 1 5 2; 2 6 5 5 6; 6 1 6 3 5; 3 6 4 4 4

a) Ergänze die folgende Häufigkeitstabelle!

Augenzahl	1	2	3	4	5	6
Anzahl (absolute Häufigkeit)						
relative Häufigkeit in %						

Lösungen

4. a)

Augenzahl	1	2	3	4	5	6
Anzahl	8	6	7	5	11	13
rel. Häufigkeit in %	16	12	14	10	22	26

1. a) 4,90 m b) 377 €

3. a) $\frac{102000}{50}$ € = 2040 € b) $\frac{14}{50} = 0{,}28 = 28$ %

2. a) $x_5 = 3$ b) $x_5 = -10$

Unter dem Zentralwert oder Median $\tilde{x}$ wird der in der Mitte stehende Wert der nach der Größe geordneten Werte $x_1, x_2, \ldots, x_n$ einer Stichprobe vom Umfang n verstanden. Stehen (bei geradzahligem n) zwei Werte in der Mitte, so ergibt sich der Zentralwert $\tilde{x}$ als das arithmetische Mittel dieser beiden Werte.

5 Beim Ermitteln des Gewichtes (der Masse) von 25 Schülern einer Klasse wurden die folgenden Werte notiert:

54 kg	69 kg	52 kg	65 kg	55 kg	49 kg	61 kg	57 kg	54 kg	61 kg
50 kg	48 kg	53 kg	57 kg	64 kg	54 kg	45 kg	50 kg	61 kg	48 kg
59 kg	51 kg	52 kg	47 kg	54 kg					

Berechne den Mittelwert der obigen Messreihe und vergleiche diesen mit dem Zentralwert $\tilde{x}$!

____

Der am häufigsten unter den Beobachtungsergebissen einer Strichprobe auftretende Wert wird als **Modalwert** m bezeichnet.

6 Gib für die Beobachtungsergebnisse bzw. Messwerte der Aufgaben 3, 4 und 5 jeweils den Modalwert an!

Aufgabe 3: ____________ Aufgabe 4: ____________ Aufgabe 5: ____________

7 In einer Mathematikarbeit wurden von den Schülern einer Klasse die folgenden Punktzahlen erreicht:

17	31	39	16	9	40	34	23	28	39	23	21	30	37	10
40	34	24	26	18	39	35	22	14	21	27	30	27	40	11

Eine Zensierung wird gemäß folgendem „Schlüssel" vorgenommen:

39 und 40 Punkte: 1 32 bis 38 Punkte: 2 24 bis 31 Punkte: 3

16 bis 23 Punkte: 4 10 bis 15 Punkte: 5 weniger als 10 Punkte: 6

a) Erfasse die Punktzahlen in einem Stängel-Blatt-Diagramm! Wähle dazu als Stängel die Zehner und als Blätter die Einer der Punktzahlen!

0 |
1 |
2 |
3 |
4 |

b) Ermittle Mittelwert sowie Zentral- und Modalwert der erreichten Punktzahlen!

$\bar{x}$ = ____________ $\tilde{x}$ = ____________ m = ____________

c) Vervollständige die nachstehende Häufigkeitstabelle, indem du jeder Punktzahl die entsprechende Zensur zuordnest!

Zensur	1	2	3	4	5	6
absolute Häufigkeit						
relative Häufigkeit in %						

Lösungen

7. a)
0 | 9
1 | 7, 6, 0, 8, 4, 1
2 | 3, 8, 3, 1, 4, 6, 2, 1, 7, 7
3 | 1, 9, 4, 9, 0, 7, 4, 9, 5, 0
4 | 0, 0, 0

c)

Zensur	1	2	3	4	5	6
abs. Häufigk.	6	4	8	8	3	1
rel. Häufigk. in %	20	13,3	26,6	26,6	10	3,3

b) $\bar{x} \approx 26{,}8$; $\tilde{x} = 27$; m ex. nicht (39 und 40 sind die am häufigsten auftretenden Werte)

6. 1750 €; 6; 54

5. $\bar{x} = 54{,}8$ kg ≈ 55 kg; $\tilde{x} = 54$ kg; $\bar{x} > \tilde{x}$

Unter der Spannweite oder Streubreite w einer Stichprobe versteht man die Differenz aus dem größten und dem kleinsten Beobachtungsergebnis:
$w = x_{max} - x_{min}$

1 Gib jeweils die Spannweite der folgenden Messreihen an!

(I) 18,3; 24,0; 16,7; 22,2; 15,3; 19,3; 14,4; 17,2; 19,7; 15,5;
24,8; 17,2; 24,9; 28,3; 17,8; 19,0; 26,3; 18,8; 25,1; 20,4

____

(II) 0,8 °C; −3,4 °C; −4,6 °C; 5,3 °C; 1,1 °C; −3,9 °C; −0,8 °C

____

2 Für die folgenden drei Messreihen (deren Ergebnisse bereits der Größe nach geordnet wurden) sind jeweils Mittelwert, Zentralwert sowie die Spannweite anzugeben!

(III) 3; 4; 7; 7; 7; 9; 11; 12; 12; 19; 20; 22; 23
(IV) 9; 10; 10; 11; 11; 11; 11; 11; 13; 14; 15; 15; 15
(V) 6; 13; 16; 17; 24; 26; 28; 30; 34; 38

	Mittelwert $\bar{x}$	Zentralwert $\tilde{x}$	Spannweite w
Messreihe (III)			
Messreihe (IV)			
Messreihe (V)			

3 Der Wert einer Aktie wurde an 15 aufeinander folgenden Börsentagen wie folgt notiert (Angaben in Euro):

38,60	39,40	40,74	43,30	42,60	(1. bis 5. Tag)
42,95	44,55	44,30	44,00	42,55	(6. bis 10. Tag)
41,50	41,60	41,70	40,54	39,20	(10. bis 15. Tag)

a) Berechne den Mittelwert des Kurses dieser Aktie im betrachteten Zeitraum!

____

b) Wie groß ist die Spannweite (Streubreite) der untersuchten Stichprobe?

____

c) Ermittle den Zentralwert (Median) der Stichprobe und vergleiche diesen mit dem Mittelwert!

____

Lösungen

1. (I): w = 28,3 − 14,4 = 13,9
(II): w = 5,3 °C − (−4,6 °C) = 9,9 °C

2.

	$\bar{x}$	$\tilde{x}$	w
Messreihe (III)	12	11	20
Messreihe (IV)	12	11	9
Messreihe (V)	23,2	25	32

3. a) $\bar{x} \approx 41{,}84$ €
b) w = 5,95 €
c) $\tilde{x} = 41{,}70$ €

Die mittlere (lineare) Abweichung (vom Mittelwert $\bar{x}$) der n Werte einer Stichprobe berechnet sich folgendermaßen:

$$d = \frac{|x_1 - \bar{x}| + |x_2 - \bar{x}| + \ldots + |x_n - \bar{x}|}{n}$$

4 Es wurde die Größe von zehn Personen bestimmt.

a) Berechne den Mittelwert $\bar{x}$ sowie die relative und absolute Abweichung von diesem Wert!

Ergebnisse x_i	relative Abweichung $\bar{x} - x_i$	absolute Abweichung $\lvert \bar{x} - x_i \rvert$
158 cm		
174 cm		
167 cm		
154 cm		
150 cm		
165 cm		
176 cm		
157 cm		
169 cm		
150 cm		
$\bar{x}$ =	S_1 =	S_2 =

b) Bestimme auch die Summen S_1 und S_2 und trage sie in die obige Tabelle ein!

c) Berechne die mittlere Abweichung der Messwerte vom Mittelwert $\bar{x}$!

5 Bestimme für die Messreihen (III) und (IV) aus Aufgabe 2 die mittlere Abweichung vom Mittelwert!

Messreihe III		Messreihe IV	
x_i	$\lvert \bar{x} - x_i \rvert$	x_i	$\lvert \bar{x} - x_i \rvert$
3		9	
4		10	
7		10	
7		11	
7		11	
9		11	
11		11	
12		11	
12		13	
19		14	
20		15	
22		15	
23		15	
	d =		d =

Lösungen

4. a) $\bar{x}$ = 162 cm

rel. Abw. $\bar{x} - x_i$: 4 cm; −12 cm; −5 cm; 8 cm; 12 cm; −3 cm; −14 cm; 5 cm; −7 cm; 12 cm;

rel. Abw. $|\bar{x} - x_i|$: 4 cm; 12 cm; 5 cm; 8 cm; 12 cm; 3 cm; 14 cm; 5 cm; 7 cm; 12 cm;

b) S_1 = 0 cm S_2 = 82 cm

c) $d = \frac{82\text{ cm}}{10}$ = 8,2 cm

5. Messreihe (III): $d = \frac{72}{13} \approx 5{,}54$

Messreihe (IV): $d = \frac{24}{13} \approx 1{,}85$

Ein Vorgang heißt bezüglich eines bestimmten Merkmals zufällig, wenn er mehrere mögliche Ergebnisse $x_1, x_2, \ldots, x_n$ besitzt, von denen nach Ablauf des Vorgangs genau eines eintritt.

1 Ergänze die folgende Tabelle!

Zufallsversuch	Betrachtetes Merkmal	Ergebnismenge S
a) Werfen einer Münze	Wappen oder Zahl	{W; Z}
b) Werfen zweier Münzen	Wappen oder Zahl	{WW; }
c) Werfen eines Würfels	Augenzahl	
d) Werfen zweier Würfel	Augensumme	
e) Geburtstage	Wochentag der Geburt	
f) Drillingsgeburten	Geschlecht: (M) oder (J)	

Jede Teilmenge der Ergebnismenge S wird Ereignis genannt. Ergebnisse werden mit großen lateinischen Buchstaben A, B, C, … bzw. $E_1, E_2, E_3, \ldots$ bezeichnet.
Ein Ereignis E tritt ein, wenn das erzielte Ergebnis x zur Menge E gehört. Man sagt auch, das Ergebnis x sei günstig für E.

2 In einer Urne befinden sich nummerierte Kugeln mit den Zahlen 1 bis 9, von denen eine Kugel gezogen wird. Gib zu folgenden Ereignissen jeweils die Ergebnismenge an!

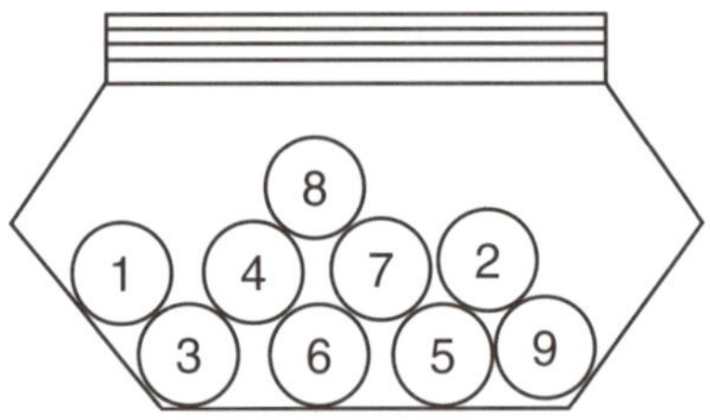

E_1 – Die gezogene Zahl ist gerade. S_1 = ____________

E_2 – Die gezogene Zahl ist durch 3 teilbar. S_2 = ____________

E_3 – Die gezogene Zahl ist kleiner als 10. S_3 = ____________

E_4 – Die gezogene Zahl ist eine Primzahl. S_4 = ____________

E_5 – Die gezogene Zahl ist zweistellig. S_5 = ____________

Ein Ereignis heißt **sicher,** wenn es bei jedem Ergebnis eintritt, d. h., wenn alle Ergebnisse für das Ereignis günstig sind. Ein Ereignis heißt **unmöglich,** wenn kein Ergebnis für dieses Ereignis günstig ist.

3 Es wird mit einem (idealen) Würfel gewürfelt und die erzielte Augenzahl betrachtet. Gib für diesen zufälligen Vorgang je ein Beispiel für ein sicheres und ein unmögliches Ereignis an!

____

____

Lösungen

2. $S_1 = \{2; 4; 6; 8\}$
$S_2 = \{3; 6; 9\}$
$S_3 = \{1; 2; 3; 4; 5; 6; 7; 8; 9\}$
$S_4 = \{2; 3; 5; 7\}$
$S_5 = \{\} = \emptyset$

1. b) {WW; WZ; ZW; ZZ}
c) {1; 2; 3; 4; 5; 6}
d) {2; 3; 4; 5; 6; 7; 8; 9; 10; 11; 12}
e) {Mo; Di; Mi; Do; Fr; Sa; So}
f) {MMM; MMJ; MJM; MJJ; JMM; JMJ; JJM; JJJ}

3. Beispiel für ein sicheres Ereignis:
Es wird eine Zahl kleiner als 20 gewürfelt.
Beispiel für ein unmögliches Ereignis:
Es wird eine 7 gewürfelt.

4 Eine Münze wird dreimal geworfen. Es wird beobachtet, was fällt: Wappen (W) oder Zahl (Z).

a) Gib die Ergebnismenge S dieses mehrstufigen Zufallsversuchs an!

____

b) Es soll folgendes Ereignis betrachtet werden:

E_1 – Es tritt genau zweimal Wappen auf.

Zeichne ein Baumdiagramm für diesen Zufallsversuch, kennzeichne alle Pfade, die zu diesem Ereignis gehören und gib alle zu E_1 gehörenden Elemente von S an!

E_1 = ________________________

Haben alle Ergebnisse $x_1, x_2, \ldots, x_m$ eines zufälligen Vorgangs die gleiche Wahrscheinlichkeit $\frac{1}{m}$, so kann die Wahrscheinlichkeit P(E) eines Ereignisses wie folgt berechnet werden:

$$P(E) = \frac{\text{Anzahl der für E günstigen Ergebnisse}}{\text{Anzahl der möglichen Ergebnisse}} = \frac{g}{m} \qquad \text{(LAPLACE-Regel)}$$

Für die Wahrscheinlichkeit eines Ergebnisses gilt:

$0 \le P(E) \le 1$

5 Gib die folgenden Wahrscheinlichkeiten in Prozent an!

a) 0,8 _____ b) $\frac{1}{2}$ _____ c) 0,025 _____ d) $\frac{69}{100}$ _____

e) 1 _____ f) $\frac{3}{37}$ _____ g) 1 : 400 _____ h) 0,002 _____

6 Es wird mit einem (idealen) Würfel gewürfelt. Wie groß ist die Wahrscheinlichkeit für die folgenden Ereignisse?

E_1 – Es wird eine 3 gewürfelt. $P(E_1)$ = _____

E_2 – Es wird eine 6 gewürfelt. $P(E_2)$ = _____

E_3 – Es wird eine 3 oder 6 gewürfelt. $P(E_3)$ = _____

E_4 – Es wird keine 6 gewürfelt. $P(E_4)$ = _____

E_5 – Es wird eine durch 7 teilbare Zahl gewürfelt. $P(E_5)$ = _____

E_6 – Es wird eine gerade oder eine ungerade Zahl gewürfelt. $P(E_6)$ = _____

Lösungen

4. a) S = {WWW; WWZ; WZW; WZZ; ZWW; ZWZ; ZZW; ZZZ}

b) 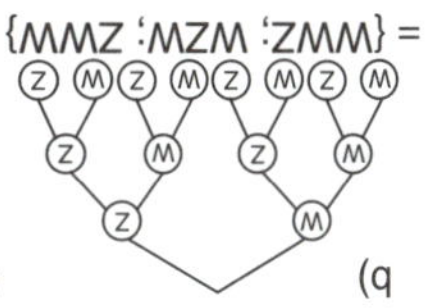

E_1 = {WWZ; WZW; ZWW}

6. $P(E_1) = \frac{1}{6}$; $P(E_2) = \frac{1}{6}$; $P(E_3) = \frac{2}{6} = \frac{1}{3}$; $P(E_4) = \frac{5}{6}$; $P(E_5) = 0$; $P(E_6) = 1$

5. a) 80 % b) 50 % c) 2,5 % d) 69 % e) 100 % f) 8,1 % g) 0,25 % h) 0,2 %

Das Ereignis $\bar{E}$ heißt Gegenereignis von E, falls $\bar{E}$ genau dann eintritt, wenn E nicht eintritt.
Für ein Ereignis E und sein Gegenereignis $\bar{E}$ gilt:
$P(\bar{E}) = 1 - P(E)$

7 Ein Skatkartenspiel besteht aus ingesamt 32 Karten (je 8 von Karo, Herz, Pik bzw. Kreuz). Aus dem Stapel wird eine Karte gezogen.
Wie groß ist die Wahrscheinlichkeit folgender Ereignisse?

A – Es wird eine Kreuzkarte gezogen. P(A) = ____________

B – Die gezogene Karte ist das Pik-As. P(B) = ____________

C – Es wird eine rote Karte (Karo oder Herz) gezogen. P(C) = ____________

D – Die gezogene Karte ist eine Sechs. P(D) = ____________

E – Es wird keine Sieben gezogen. P(E) = ____________

F – Die gezogene Karte ist nicht der Kreuz-Bube. P(F) = ____________

8 Wie groß ist bei einer Vierlingsgeburt die Wahrscheinlichkeit, für folgende Ereignisse?

a) Alle Kinder sind Mädchen.

____

b) Es treten zwei Pärchen (zwei Mädchen und zwei Jungen) auf.

____

9 Beim Lotto „6 aus 49" gibt es 13 983 816 verschiedene Möglichkeiten, den Spielschein anzukreuzen, d. h. 6 der 49 möglichen Zahlen auszuwählen.

a) Wie groß ist die Wahrscheinlichkeit, für einen Sechser? Gib diese in Prozent an!

____

b) Wie groß ist die Wahrscheinlichkeit mit einem abgegebenen Tipp keinen Sechser zu haben?

____

c) Zusätzlich zu den gezogenen sechs Zahlen wird noch eine so genannte Superzahl (von 0 bis 9) gezogen. Wie groß ist die Wahrscheinlichkeit dafür „sechs Richtige mit Superzahl" zu haben?
Wie viele Tipps müssten mindestens abgegeben werden, um mit Sicherheit diese Gewinnklasse zu erzielen?

____

Lösungen

7. $P(A) = \frac{8}{32} = \frac{1}{4}$; $P(B) = \frac{1}{32}$
$P(C) = \frac{16}{32} = \frac{1}{2}$; $P(D) = 0$
$P(E) = \frac{28}{32} = \frac{7}{8}$; $P(F) = \frac{31}{32}$

9. a) $\frac{1}{13983816} \approx 0{,}000\,000\,071 = 0{,}000\,007\,1\ \%$
b) $1 - \frac{1}{13983816} \approx 0{,}999\,999\,928 = 99{,}999\,992\,8\ \%$
c) $\frac{1}{13983816} \cdot \frac{1}{10} \approx 0{,}000\,000\,007\,1 = 0{,}000\,000\,71\ \%$

8. a) $\frac{1}{16} = 0{,}0625 = 6{,}25\ \%$
b) $6 \cdot \frac{1}{16} = 0{,}375 = 37{,}5\ \%$

Wenn eine Größe bei unter gleichen Bedingungen durchgeführten Versuchen verschiedene Werte annehmen kann, von denen jeder ein zufälliges Ereignis ist, so spricht man von einer **Zufallsgröße**. Zufallsgrößen werden im Allgemeinen mit großen lateinischen Buchstaben X, Y, Z, … und ihre Werte mit x_1, x_2, x_3, … bezeichnet.

1 Welche Werte kann die betrachtete Zufallgröße jeweils annehmen? Vervollständige die Tabelle!

Zufallsversuch	Zufallsgröße	Werte der Zufallsgröße
a) Werfen eines (idealen) Würfels	Augenzahl	
b) Werfen von vier (idealen) Münzen	Anzahl der Wappen	
c) 2-maliges Würfeln	Augensumme	
d) Ziehen von 6 Karten aus einem Skatspiel	Anzahl der Buben	

Die Funktion, die jedem Wert einer Zufallgröße X die Wahrscheinlichkeit für sein Eintreten zuordnet, wird **Verteilung der Zufallsgröße** oder **Wahrscheinlichkeitsverteilung** genannt.
Man gibt sie oft in Tabellenform an.

2 Vervollständige für die folgenden Zufallsversuche und die jeweils betrachtete Zustandsgröße die Tabellen für die Wahrscheinlichkeitsverteilung!

a) Werfen eines (idealen) Würfels.

Augenzahl	1	2	3	4	5	6
Wahrscheinlichkeit						

b) Werfen zweier (idealer) Münzen.

Anzahl der Wappen	
Wahrscheinlichkeit	

c) Dreimaliges Werfen einer (idealen) Münze.

Anzahl der Wappen	
Wahrscheinlichkeit	

d) Werfen zweier (idealer) Würfel.

Augensumme	
Wahrscheinlichkeit	

3 Als Zufallsgröße X wird die Anzahl der Jungen bei Familien mit vier Kindern untersucht. Welche Werte kann X annehmen, und wie groß ist die Wahrscheinlichkeit dafür, dass bei einer zufällig ausgesuchten Familie diese Anzahl der Jungen jeweils auftritt?
(Hinweis: Die Geburt eines Jungen und die eines Mädchen werden als gleich wahrscheinlich angenommen.)

Lösungen

2. b)

Anzahl (Wappen)	0	1	2
Wahrsch.	0,25	0,5	0,25

c)

Anzahl (Wappen)	0	1	2	3
Wahrsch.	$\frac{1}{8}$	$\frac{3}{8}$	$\frac{3}{8}$	$\frac{1}{8}$

d)

Augensumme	2	3	4	5	6	7	8	9	10	11	12
Wahrscheinlichkeit	$\frac{1}{36}$	$\frac{1}{18}$	$\frac{1}{12}$	$\frac{1}{9}$	$\frac{5}{36}$	$\frac{1}{6}$	$\frac{5}{36}$	$\frac{1}{9}$	$\frac{1}{12}$	$\frac{1}{18}$	$\frac{1}{36}$

2. a) je $\frac{1}{6}$

1. a) 1; 2; 3; 4; 5; 6
b) 0; 1; 2; 3; 4
c) 2; 3; 4; 5; 6; 7; 8; 9; 10; 11; 12
d) 0; 1; 2; 3; 4

3.

Anzahl	Wahrsch.
0	$\frac{1}{16}$
1	$\frac{1}{4}$
2	$\frac{3}{8}$
3	$\frac{1}{4}$
4	$\frac{1}{16}$

4 Ein Glücksspielautomat wurde so eingerichtet, dass pro Spiel die in der Tabelle ausgewiesenen Beträge mit der jeweils angegebenen Wahrscheinlichkeit ausgezahlt werden sollen.

Auszuzahlender Betrag	100 €	10 €	5 €	2 €	1 €	0 €
Wahrscheinlichkeit	0,001	0,01	0,02	0,1	0,2	0,669

a) Berechne welcher Betrag im Mittel ausgezahlt wird!

____

b) Wie hoch muss der Einsatz pro Spiel sein, damit der Betreiber des Automaten auf lange Sicht keinen Verlust macht?

____

> Sind $x_1, x_2, \ldots, x_k$ die Werte einer Zustandsgröße X und $p_1, p_2, \ldots, p_k$ die zugehörigen Wahrscheinlichkeiten, so heißt die Zahl $E(X) = x_1 \cdot p_1 + x_2 \cdot p_2 + \ldots + x_k \cdot p_k$ **Erwartungswert** der Zufallsgröße.

5 Berechne den Erwartungswert für folgende Zufallsgrößen!

a) Augenzahl beim Werfen eines (idealen) Würfels

____

b) Anzahl der Wappen beim Werfen zweier (idealer) Münzen

____

c) Anzahl der Wappen beim dreimaligen Werfen einer (idealen) Münze

____

(Hinweis: Nutze nach Möglichkeit die Ergebnisse von Aufgabe 2.)

6 Von 500 Losen einer Tombola sind fünf Gewinne zu 25 €, zehn Gewinne zu 10 €, 25 Gewinne zu 5 € und 75 Gewinne zu 2 €. Alle anderen Lose gewinnen nichts.

a) Gib die Wahrscheinlichkeitsverteilung in Tabellenform an!

Gewinn in Euro	
Wahrscheinlichkeit	

b) Berechne den Erwartungswert! ____________________

7 Zur Beurteilung der Güte elektronischer Bauelemente sind Aussagen über deren zu erwartender Lebensdauer notwendig. Berechne den Erwartungswert für die Lebensdauer, wenn folgende Verteilung bekannt ist!

Lebensdauer in Jahren	0	1	2	3	4	5
Wahrscheinlichkeit	0,11	0,15	0,32	0,26	0,12	0,04

____

Lösungen

5. a) $E(X) = \frac{21}{6} = 3{,}5$
b) $E(X) = 1$
c) $E(X) = \frac{12}{8} = 1{,}5$

4. a) 0,7 €
b) 0,7 €

7. 2,25 Jahre

6. a)

Gewinn in €	25	10	5	2	kein Gewinn
Wahrscheinlichkeit	$\frac{5}{500}$	$\frac{10}{500}$	$\frac{25}{500}$	$\frac{75}{500}$	$\frac{385}{500}$

b) 1 €